国家重点研发计划"深地资源勘查开采"重点专项地面地球物理勘探关键技术与装备项目
中国科学院深地资源装备技术工程实验室
中国科学院深地页岩气与地质工程院重点实验室
联合资助

重大地质工程电磁探测新技术与应用

底青云　薛国强　安志国　王中兴 等 著

科学出版社
北京

内 容 简 介

本书详细阐述了在重大地质工程领域得到应用的电磁探测新技术，包括地面电磁三维精细探测方法、地下和空中电磁法等，并介绍了高性能电磁装备研发的核心技术。重点介绍了这些新技术在深埋长隧道探测、隧道掌子面地质预报、高放废物预选场址和非常规油气储存压裂动态监测等重大地质工程问题的应用成果，同时指出了该领域未来的发展方向。

本书可供高等院校的师生、科研单位的研究人员以及相关部门的工作人员参考。

图书在版编目（CIP）数据

重大地质工程电磁探测新技术与应用/底青云等著. —北京：科学出版社，2020. 12

ISBN 978-7-03-067101-1

Ⅰ.①重… Ⅱ.①底… Ⅲ.①工程地质-电磁法勘探-研究 Ⅳ.①P642

中国版本图书馆 CIP 数据核字（2020）第 241837 号

责任编辑：韩 鹏 宋云华 张井飞／责任校对：王 瑞

责任印制：赵 博／封面设计：图阅盛世

科学出版社出版

北京东黄城根北街 16 号

邮政编码：100717

http://www.sciencep.com

北京建宏印刷有限公司印刷

科学出版社发行 各地新华书店经销

*

2020 年 12 月第 一 版 开本：720×1000 1/16

2025年 2 月第二次印刷 印张：9 1/4

字数：178 000

定价：129.00 元

（如有印装质量问题，我社负责调换）

前　言

随着经济的持续高速发展和基础设施建设规模的加大，我国已经成为世界上隧道建设第一大国，核能、页岩气开发利用也在迅猛发展。近年来，地下工程建设、高放废物处置和页岩气开采的深度越来越大，赋存的地质环境日趋复杂，由此带来的工程安全问题越来越严重。受传统测深方法技术水平的限制，我们对工程岩体的尺度和致灾构造的属性认知严重不足，使长期存在的对深部目标体“探不到、探不准、探不精”的问题悬而未决。

创新地球物理精细探测技术、提升地球物理深部探测能力，实现深部地质结构体高分辨率探测，已经成为我国重大地质工程领域亟待解决的科技难题。开展地球物理电磁探测新方法研究、研发高性能探测装备、实现深部弱信息提取，已成为突破重大工程领域中的隧道、高放废物地质处置储库和页岩气压裂开采等工程相关深部地质结构体有效识别难题的重要途径。

地质工程电磁探测通过使用电磁仪器观测电磁场数据来研究地下工程地质目标体的物性（电导率、介电常数、极化率等），为评价地层类型、结构、空隙、构造、含水性等提供依据。为了提高评价的可靠性，需要研制和不断更新高质量的仪器；需要通过理论和室内外实验研究地球物理场和地层物性之间的定性定量关系以及如何由观测场与研究的定量关系反推（反演）地层的物性；需要研究物性和岩性之间的关系以及如何由地球物理场的特征和物性反推地层的岩性。当前地质工程电磁探测的研究热点多集中于进一步提高方法的探测深度、精度以及研制高性能观测仪器等方面。

在国家及企业一系列重大项目支持下，笔者及团队针对重大地质工程中存在的深部地质结构探测问题，系统地开展了地球物理电磁探测新方法、新技术、新仪器研制工作。通过我们十多年的努力，研究出基于三维有限差分法、有限元法及积分方程法的电磁数值模拟方法，实现了工程地质体电磁响应三维仿真模拟。利用与发射频率相关数据重构信号，实现强干扰的高效压制，研发出电磁数据处理和反演解释一体化的高精度三维聚焦精细成像软件系统。发展瞬变电磁隧道超前预报技术，针对我国地面电磁法装备主要依赖进口的实际情况，成功研发了大功率高效发射、宽频带低噪声磁传感、强抗干扰高精度信号检测等技术，研制了新一代性能领先的地面电磁探测（Surface Electromagnetic Prospecting，SEP）系统。

利用电磁探测技术在南水北调西线、石太客运专线等深埋长隧道开展了地质结构精细探测实例研究，成功划分了断裂、破碎带的分布，圈定了岩溶等含水构造体，保障了隧道安全施工。对我国甘肃北山和阿拉善核废料地质处置预选区的典型地质构造开展了人工源电磁法三维探测，实现了核废料地质处置库预选场址评价。利用研制的多套 SEP 接收系统，配合长江大学在我国涪陵页岩气田焦页 51-5HF 井压裂过程中，开展了电磁阵列剖面法四维观测，揭示了地下构造和压裂状态，为气田生产布井和调整压裂方案提供了依据。

本书共分五章。第 1 章概述中介绍了重大地质工程特点及精细探测需求、重大地质工程勘查方法及国内外研究现状，列出了本书的研究内容概要；第 2 章阐述了重大地质工程电磁探测方法，包括地面电磁三维精细探测方法、地下瞬变电磁探测方法和空中电磁探测方法等；第 3 章介绍了高性能电磁探测技术装备，由于高性能电磁装备核心技术研究有专门的专著做了详细介绍，考虑到本书稿的逻辑关系，只对自主研制的电磁探测技术装备进行了概要介绍；第 4 章是电磁探测的新方法、新技术以及研制成功的新装备在重大地质工程中的实例应用研究，重点介绍重大地质工程电磁探测技术的应用，包括深埋长隧道不良地质结构电磁探测、隧道掌子面瞬变电磁超前预报、高放废物预选场址地球物理探测、非常规油气储层压裂动态监测等；第 5 章对电磁探测技术在重大地质工程中的应用效果做了归纳，对未来技术发展与需求做了展望。

本书第 1 章由底青云、马凤山、薛国强、王中兴、李海执笔，第 2 章由底青云、安志国、薛国强、王若、付长民执笔，第 3 章由王中兴、底青云执笔，第 4 章由安志国、薛国强、底青云、王中兴执笔，第 5 章由底青云、薛国强、安志国执笔。雷达、陈卫营、田飞、张文秀、裴仁忠、武欣、常江浩等参加了部分工作。全书由底青云统稿。每章的开始都简短介绍本章内容，书稿最后附有参考文献。本书是在众多合作者的支持和帮助下编写的。

笔者特别感谢王思敬院士在书稿撰写过程中给出的有益建议，强调要突出工程地质与地球物理的结合，要体现探测技术的创新；特别感谢伍法权研究员及他的几位博士研究生在南水北调西线深埋长隧道探测项目中所做的工程地质勘查工作；特别感谢山东大学李术才院士、刘斌教授和长安大学李貅教授在隧道掌子面探测中的指导和协作；感谢王光杰副研究员在石太客运专线深埋长隧道探测项目中的电磁数据采集、处理及解释工作；感谢长江大学严良俊教授及其团队提供的利用我们自主研制的仪器进行页岩气压裂监测的机会；感谢笔者研究团队的诸多研究生对工程探测方法研究、工程野外探测等做出的贡献。

希望本书所述内容能够给关心重大地质工程地球物理探测的科学研究和工程技术人员提供有益的知识和参考，同时也希望本书有益于促进工程地质与地球物理不同学科间的交流。由于笔者对跨学科地质工程的知识有限，一些方法技术还需要继续深入研究，疏漏之处在所难免，敬请专家和读者批评指正。

底青云

2020年2月

目　录

第 1 章　绪　论

本章对重大地质工程特点及精细探测需求、重大地质工程勘查方法及国内外研究现状做了说明，并给出了本书的主要内容。

1.1　重大地质工程特点及精细探测需求

进入 21 世纪以来，我国经济的持续高速发展，对重大工程建设与能源开发提出了巨大需求。目前，我国已经成为隧道建设第一大国，核能、页岩气开发利用也在迅猛发展。然而，近年来地下工程建设、高放废物处置和页岩气开采的埋深越来越大，赋存的地质环境十分复杂，如高山峡谷地形、大江大河、密集水网、戈壁沙漠等。深部目标体探测往往存在着“探不到、探不准、探不精”的公认难题，从而导致对工程岩体和致灾构造认知不足，给深部地质工程的设计带来了极大困难，对工程建设的施工安全也构成了严重威胁。创新地球物理精细探测技术、实现深部地质构造和岩体物性结构的透明化已经成为我国重大地质工程建设的迫切需求，也是亟待解决的科技难题。

本章分别对隧道探测、高放废物地质处置、页岩气压裂三个地质工程方面的具体需求以及电磁探测的难点和自主创新研发的内容进行简要评述。

1.1.1　隧道探测

当前我国正处于大规模工程建设的快速发展时期，在建和规划建设的工程规模之大、数量之多、占国家财政预算比例之重都是前所未有的。国家出台的一系列行业中长期发展规划，展现了我国工程建设的宏伟图景。“十五”《水利发展重点专项规划》提出了大江大河流域治理、南水北调工程等跨流域调水、城市供排水等 7 项主要任务。水利水电工程，重点是南水北调中的西线引水工程，以及一大批引水隧洞水电枢纽工程。《中长期铁路网规划》对“十五”规划的“四纵四横”进行调整，到 2020 年，将规划建设“四纵四横”快速客运网、加快建设煤炭运输通道和集装箱节点站，全国铁路运营里程达 10 万 km，形成西北、西南国际通道，完善西部地区和东中部铁路网络。《国家高速公路网规划》将耗资两万亿元，到 2030 年建设里程 8. 5 万 km 的高速公路网，由 7 条首都放射线、9 条南北纵向线和 18 条东西横向线组成，简称为“7918 网”，完善公路网络，充分提高路网通达深度。可见，大规模工程建设是国家经济建设的重头戏，我国将以一系列大型工程为龙头，用二三十年时间基本完成国家大规模工程建设。正如一些国际专家所评述的那样："中国是当今世界上最大的建设工地。"

跨流域调水工程、跨江跨海通道、进藏公路铁路、高速公路网、大型水电工程以及城市地下空间开发，都需要修建大量的隧道（隧洞）及地下工程。例如，南水北调西线一期工程，线路全长260km，其中244km为隧洞，占93.8%，单洞最长73km，埋深达1100～1300m。规划中的滇藏铁路全长1594.4km，隧道419座，总长491.8km，单洞最长12.59km。拟建的雅砻江锦屏二级水电站引水隧洞长18km，最大埋深2700m。我国内陆第一条海底隧道（5.9km长的厦门东通道隧道）工程已经启动。渤海湾、杭州湾、连接港澳广深珠的伶仃洋、琼州海峡，以及台湾海峡5条跨海海底隧道即将建设。已经建设通车的石太客运专线太行山隧道全长28km，是亚洲最长的交通隧道。已经建设的辽宁大伙房输水一期工程，引水隧道长85.3km，超过了世界目前公认最长的57.6km的瑞士戈特哈尔德隧道，成为世界最长隧道。据不完全统计，近20年，我国在水利水电、铁路公路、城市交通、矿山采掘等领域的隧道建设超过6000km。隧道（洞）已成为我国整个基础工程建设的主体工程或控制工程，而这些隧道（洞）主要穿越崇山峻岭，具有长度大（几千米至几十千米）、断面大（达100m^2）、埋深大（大于500m）等特点。作为一种重要的地质工程类型，隧道工程在我国基础设施建设和能源资源开发中占据越来越重要的地位。

在我国西部，高山峡谷的特殊地貌环境、构造活动强烈的特殊地质条件，使隧道埋深大、洞线长的隧道工程地质条件十分脆弱。隧道长度动辄几十千米，甚至近百千米，往往不可避免要穿过一些活动性深大断裂。例如，滇藏铁路沿线依次通过唐古拉–三江断褶带、拉萨–波密断褶带和雅鲁藏布江缝合带三大构造带，隧道要穿越洱海–红河等10条深大断裂。南水北调西线工程区将穿行15条活动断裂。活动断裂对隧道施工及其长期稳定性的影响将成为这些工程成败的关键。隧道埋深大，隧道围岩处于高地应力、高渗透压和强流变的恶劣地质条件，使施工难度大，塌方冒顶、突水涌泥、围岩大变形等地质灾害频发。例如，横穿锦屏山、埋深2.5km的雅砻江锦屏二级水电站引水隧洞的高压突水曾使施工人员数月束手无策；广东天汕高速公路隧道在没有任何预兆的情况下突然塌方，致使正在作业的12名工人被困34小时；京承高速公路铁营隧道在掌子面后方已支护段的围岩沿蚀变带滑落，坍塌洞长50m，5名作业工人被困36小时；长约20km的兰新线乌鞘岭铁路隧道岩性复杂、断层带软弱围岩变形、突水突泥等问题使工程无法正常施工，不得不增加14个辅助巷道，采用18个工作面同时掘进。复杂的地质条件为深埋长隧道建设及长期稳定性提出了前所未有的难题，涉及工程地质、地球物理、岩土力学和工程科学的前沿领域，迫切需要在相关基础理论和技术方法方面取得突破。

对于长隧道工程，世界发达国家已越来越多地采用全断面硬岩隧道掘进机（Tunnel Boring Machine，TBM）进行施工。与传统的钻爆法相比，TBM施工技术具有施工速度快、效率高、隧道成型好、对周边环境影响小以及作业安全等优点，特别适合于深埋长隧道的施工，它代表着现代隧道施工技术的发展方向。TBM施工技术已被广泛应用于世界各国的能源、交通、水利、国防等部门的隧道工程建设中，如已经建成的英吉利海峡隧道、东京湾海底隧道等。我国于20世纪90年代引进TBM进行长隧道施工，先后在引大入秦、万家寨引黄工程、昆明掌鸠河引水供水工程以及秦岭隧道工程中采用了TBM施工技术。在南水北调西线工程中，预计至少有50余台TBM将同时工作。由于TBM出现时间不长，特别在我国大规模应用TBM刚刚开始，在施工中经常出现掘进效率低、软岩大变形、突水涌泥、塌方冒顶及岩爆等地质灾害。例如，在我国秦岭铁路隧道建设中，TBM的总掘进速率（Advance Rate，AR）在花岗片麻岩段仅250m/月，与钻爆法施工效率相当，没有实现TBM施工的快速高效性。据对国内外98次TBM施工事故案例分析发现，软岩大变形和突水分别占37%和35%，其他主要为瓦斯突出和岩爆。由意大利隧道公司施工的昆明掌鸠河引水供水工程上公山隧洞，TBM多次发生卡机事故，致使工期已延误7个月之久，后续进度无法预料。在中国山西万家寨引黄工程、昆明掌鸠河引水供水工程、台湾坪林公路隧道，以及荷兰南部的西斯凯尔特河隧道等，在TBM通过不良地质地段时均发生了诸如突水、塌方、卡机等工程事故。这些地质灾害威胁着施工人员和机械设备的安全，并造成长时间停机停工，严重影响工程的经济和社会效益。因此，如何事先探测清楚施工段是否存在软岩突水等薄弱地质结构，以便采取措施来提高TBM施工的效率和安全性是深埋长隧道工程建设的迫切需求，也是目前国内外TBM隧道施工的研究热点。

特别是我国即将开工的南水北调西线工程，处于高山峡谷、高寒缺氧地区，隧道是其主体和控制性工程。而且，隧道埋深大、洞线长、施工难度极大，必须采用TBM施工技术。正如南水北调西线工程技术人员所说："西线工程的关键在超长隧洞，隧洞的关键在TBM施工，施工的关键在围岩评价。"因此，针对深埋长隧道工程开展以提高TBM施工效率和安全性为目的的科学研究，不仅对南水北调西线工程，而且对水利水电、铁路公路、能源国防等领域均具有重要性和迫切性，是国家的战略需求，尤其对隧道通过区薄弱地质结构的探测研究必须先行。

深埋长隧道遇到的复杂地质环境，以及隧道施工技术的进步，从两方面给工程地质、地球物理、岩土力学等相关学科提出了新的课题和挑战。一方面要求工程地质对岩体的评价不能仅局限于围岩稳定性和支护的难易程度，另一方面还要考虑 TBM 破岩的难易程度。既要考虑“支”，又要考虑“破”，这就大大增加了工程地质评价的难度，需要采用多种探测和测试手段，拓展传统工程地质评价的范围。快速高效的 TBM 施工，需要对地质体进行更精细的探测和定量表征。这就要求工程地质评价从传统的定性描述为主向定量化、参数化描述发展，要求建立一系列表征工程地质体特性的科学合理的定量化指标，快速准确地获取这些指标，并应用现代数理方法对这些参数指标进行综合分析处理，以达到服务设计并预测施工效率和安全性以及保证工程长期稳定性的目的，这就需要传统工程地质在评价方法和技术手段上有所创新，从而推动工程地质和工程地球物理勘探学科发展。

深埋长隧道由于其深度达几百米，甚至上千米，长度延展数十千米，使常规的以钻探和露头勘测为主的工程地质勘察手段受到极大限制，迫切需要地球物理手段的高效应用。由于 TBM 推进速度快、占用空间大，也使常规的以掌子面地质素描为主的施工地质调查方法受到极大限制，也需要地球物理超前探测技术的引进。但先进高效的 TBM 快速施工系统，对隧道地质资料的可靠性以及地质预报的精度和实时性提出了更为苛刻的要求。这就急需地球物理在方法原理和技术手段方面进行创新，进一步提高精度，适应 TBM 施工，并与工程地质常规手段更加紧密结合，进行精细探测、快速处理、定量描述。这就对地球物理学科提出了更高、更新的要求，显然，对这些问题的解决必将推动应用地球物理学科的发展。

由于深埋长隧洞地面海拔高，探测深度大，抑或地形地质情况复杂，交通困难，勘探设备甚至技术人员难以到达洞线掌子面位置。常规的地球物理勘测技术难以适应隧道工程发展需要，特别是对于埋深超过 1000m 的隧洞而言，需要大深度、高精度的地球物理探测方法进行地面探测。目前，浅层地震勘探、高密度电法和瞬变电磁法等主要作为浅层探测的手段，可控源音频大地电磁（Controlled Source Audio-frequency Magneto-telluric，CSAMT）法虽然具有地形适应性强、成本低和探测深度大等特点，但要使其成为深埋长隧洞探测的重要方法，尚需要对 CSAMT 法的仪器设备和地形改正等资料预处理以及正反演解释方法进行创新性研究。隧道工程的复杂性特别需要地球物理勘探设备能适用于这种情况，而仪器设备以往主要是依靠进口，对我国特殊的地表地下地质条件的适应性不足，需要自行研制适合我国地质情况的 CSAMT 仪器、配套正反演软件系统以及与地质相结合的方法技术的研究。

深埋长大隧道由于埋深大、洞线长，施工前期的地质勘察和地球物理勘查工作只能查清地表和有限埋深内的不良地质和水害隐患，而隧道沿线的岩溶发育情况、断层破碎带情况、地下暗河等情况往往难以查清，因而隧道在施工过程中往往面临着各种含水构造的威胁（包括突水、突泥、涌沙等），尤其在复杂地质条件下的施工过程，这一问题更加突出。这些含水构造会给施工人员的生命安全造成极大的威胁，同时也给隧道安全和各种施工设备构成威胁。因此，对隧道掌子面前方的含水构造的超前地质、地球物理预报越来越受到业主和施工单位的重视，隧道（洞）建设工程的超前地质预报技术的应用迫在眉睫。

目前，国内外普遍使用的TSP（Tunnel Seismic Prediction）隧道地震波超前地质预报系统成本高，地震反射负视速度法、陆地声呐均属弹性波法中的反射波法，对判断破碎带中是否充有承压水则显得无能为力，而雷达的预报距离极为有限。瞬变电磁具有对良导水体敏感的特性，对施工中掌子面前方的含水体快速无损探测具有可行性。因此，采用瞬变电磁法（Transient Electromagnetic Method，TEM）开展掌子面超前预报研究具有重要的应用价值。

1.1.2 高放废物地质处置

我国经济高速发展与国防安全对核能开发有重大需求，而高放废物的安全处置将制约着我国核电事业和国防工业的发展。高放废物地质处置是目前公认的安全有效的处置方法，将高放废物埋存在地下数百米深处建造的处置库中，在科学、技术和工程方面还面临一系列重大挑战。目前我国高放废物地质处置的场址评价工作刚刚起步。

我国2020年的核电发展规划为装机容量4000万kW，在建1800万kW。但根据形势发展专家预测，可能调整为装机容量超过7500万kW，要建约4500万kW。随着我国核能事业的飞速发展，高放废物的处理与处置已成为公众关心的一个重大安全和环保问题。高放废物安全处置的研究开发具有长期性的特点，需要进行长期的基础研究、技术研发和工程研究，方可实现安全处置的目标。

安全处置高放废物是一项关系到核工业可持续发展、保护环境和保护人民健康的重要而紧迫的重大课题，同时也是一项世界性难题。目前提出的方案是深地质处置，即在距离地表深500~1000m的地质体中建造“地质处置库”，中国甘肃北山、内蒙古阿拉善预选区的地质问题一直是国内研究的重点课题。

高放废物地质处置选址的一个关键因素是论证深部地质体的完整性、含水性与稳定性。我国已初步将位于甘肃北山和内蒙古阿拉善作为高放废物处置预选场址的重要靶区，但由于缺乏资金等，在新场岩体布置的地球物理测量工作量还远远不够，对岩体的展布和内部精细结构情况还不明了，需采用高精度地球物理手段做更深入详细的探测研究，为该区预选处置库的综合评价和今后勘探工作的部署提供科学依据。CSAMT法具有大深度探测能力，可以对地电性块体结构和分布进行探测，从而间接推测岩体的空间展布，为安全处置高放废物提供有效的地球物理依据。然而由于高放废物地质处置库的特殊性，特别是高放废物地质储存库要确保绝对安全、长期安全，这就要求详细了解地下水深情况，因此对地球物理探测的可靠性、分辨率要求特别高，这就不仅要求航磁、地磁、电磁等多种地球物理方法综合，而且特别要求地球物理与地质紧密结合。

1.1.3 页岩气压裂

页岩气开采改变了美国乃至世界的能源格局，其中有两项关键技术，一是水平井分段压裂技术，二是水平井随钻测量技术。压裂效果的好坏决定着采收率的高低，为了评判体积压裂的有效性，必须确定压裂缝网的空间分布形态以及裂缝连通性。因此压裂效果动态监测成为页岩气开采工程中不可或缺的技术。

目前压裂效果监测多采用微地震技术，为提高裂缝成像方法和成像条件中速度模型的精度，在震源成像方法中考虑加入各向异性参数，提高成像结果的信噪比和分辨率，从理论上发展适合微地震震源机制反演确定破裂源的新方法，将电磁波成像的结果作为地震波成像的约束条件，提高裂缝连通性的动态表征，实现对压裂有效性的高精度动态评价。但由于我国南方海相页岩气埋深大、储层薄、井场振动干扰大，微震监测成本高，效果不稳定。由于储层中流体电性差异明显，电磁法对油气储层的孔隙度、渗透率和饱和度等参数反应灵敏，具有效率高、成本低、适应复杂地表能力强等优点，动态确定压裂裂缝连通性的作用越来越突出，应用前景极为广阔。

近年来，CSAMT法发展迅猛，发射功率达到200kW以上，供电电流上百安培。信噪比明显提高，分辨能力增强，使其在岩性勘探、储层压裂监测的应用以及判定裂缝中流体的油气特征成为可能。根据油藏与围岩、储层含水与含油气间电性及激电特性差异，应用高分辨率电磁勘探方法获得储层电阻率分布的图像，与地震勘探方法一起综合识别储层中所含流体的性质，达到油气预测和剩余油检测的目的是非常重要的，国外在油气勘探领域，于20世纪末，21世纪初已经实现地震和电磁方法的结合。为了实现这一目标，需要从仪器设备到勘探方法技术进行全面更新。

国内电磁法勘查设备目前被加拿大凤凰Phoenix、美国Zonge、德国Metronix三大仪器公司垄断，占据了我国98%的市场。每套仪器200万~300万元，每年国内市场需求30多套。引进国外设备不仅消耗了我国宝贵的建设资金，而且由于我国的成矿地质条件比较复杂，国外设备在勘查复杂地质构造中的有效性受到一定限制。迫于我国电磁法仪器研发水平落后，受资助力度不够、研究力量分散、研究工作持续性差等因素的影响，一直未形成用于深部勘查实用化的电磁法仪器设备。为此，研制具有我国自主知识产权的地面电磁探测工作站，形成装备勘探方法、正反演资料处理和地质解释一体化的地面电磁探测系统成为新的市场需求。

总之，随着经济的持续高速发展和基础设施建设规模的加大，我国已经成为世界上隧道建设第一大国和核能、页岩气开发利用大国。近年来，地下工程建设、页岩气开采、高放废物处置的埋深越来越大，赋存的地质环境日趋复杂，由此带来的工程安全问题越来越严重。由于现有的技术水平落后于工程地质发展需求，使长期以来存在的对深部目标体认知严重不足的问题悬而未决。

解决上述工程问题就要提高地球物理精细探测的可靠性和分辨率，创新地球物理精细探测技术、提升地球物理深部探测能力、实现深部地质结构体透明化，这已经成为我国重大地质工程领域亟待解决的科技难题。开展地球物理电磁探测新方法研究、高性能探测装备研发、深部弱信息提取，成为突破重大工程领域中的隧道工程、高放废物地质处置和页岩气压裂等相关深部精细结构体有效识别难题的重要途径。

1.2　重大地质工程勘查方法

1.2.1　工程类方法

当代国际上兴建的大型地质工程表现出以下特点：一是工程规模大，如多层地下空间的开发利用、长大海底通道的修建等；二是工程种类新，如核废料的地质处置、油气的地下储存、二氧化碳地中隔离、页岩气开发等；三是工程难度大，如深部开采工程、深埋地下工程、穿越阿尔卑斯山的各类隧道工程等。世界各国结合各自的地质环境特点和建设需求，开展了各具特色的工程地质和勘探地球物理研究工作。

隧道（洞）施工超前地质预报由来已久，俄（原苏联）、英、法、日、德等国将其列为隧道（洞）和地下工程（矿山巷道）建设的重要内容。中华人民共和国成立后煤炭系统翻译出版了苏联的《矿山变灾》一书，随着采矿工业（煤、有色金属、黑色金属）的发展，我国相继建立了为矿山井巷服务的地质专业队伍，采用地质编录法对隧道掘进前方30m左右可能遇到的断层、地下水、瓦斯等提出预报。原铁道部是我国开展隧道施工较早的单位之一，20世纪50年代中期铁二院在渝黔线凉风垭隧道施工中即以地质编录法进行了超前地质预报，随着隧道施工的不断增加，特别是在90年代以来，在原铁道部各勘测设计院、铁科院、中铁西南科学研究院，尤其是在以刘志刚教授为首的石家庄铁道学院桥隧地质所的带领和帮助下隧道施工超前预报工作全面开展，并取得了良好的效果，铁道部（现国家铁路总局）已将隧道施工超前地质预报工作纳入隧道施工的必要工序进行管理。此外，我国公路隧道施工、水利水电隧洞施工超前地质预报工作也逐渐开展起来。总的看来，当前和今后一段时期，隧道（洞）施工超前地质预报必将进入一个重要的发展阶段。

隧道施工技术的进步也给工程地质、地球物理、岩土力学等相关学科提出了新的课题和挑战。先进的 TBM 快速施工系统对隧道地质资料的要求更加苛刻，需要对地质体进行更精细的探测和定量化表征，需要采用新的方法和手段对岩体质量和工程安全性进行评价，这就需要传统的工程地质评价方法、地球物理探测手段和岩土力学分析计算等方面，在理论上有所创新、方法手段上有所突破，从而推动相关学科的发展。

TBM 施工造成的隧道围岩损伤破裂特性与机理、变形破坏模式以及围岩支护相互作用机制与传统钻爆法有很大不同，这就要求岩土力学的计算分析与安全性评价方法有所发展与创新。针对 TBM 施工的深埋长隧洞围岩损伤区的形成与演化机理以及与支护结构的相互作用机理进行系统深入的研究，可以为合理有效的 TBM 施工及其隧洞的安全性评价方法、支护和灾害防治提供对策。

综上所述，先进高效的 TBM 快速施工方法，在地质勘察、地质评价和力学分析等方面，给工程地质、地球物理和岩土力学提出了更高和更新的要求和挑战，这就需要在相关学科领域有所发展和创新，更需要工程地质、地球物理和岩土力学的学科交叉和渗透，以形成一套适用于 TBM 快速施工的勘察、评价和分析方法体系，这也是目前国内外在该领域的发展趋势。对此，国内外许多研究者做了大量的研究工作。

1）“岩石物理力学特征研究”方面

从 20 世纪 70 年代开始，国际上开始了针对影响 TBM 施工的岩石物理力学性质研究。为了对 TBM 法的掘进速度、掘进方法以及成本控制等做出可靠的估计，研究人员通过经验逼近和基于理论的物理方法，对 TBM 法的岩体特性和掘进机性能之间的关系进行了很多探索。

在 TBM 性能与岩石强度参数关系方面，国外学者研究了 TBM 掘进速率与岩石抗压强度的关系（Hughes，1986）PR 与岩石抗拉强度的关系（Farmer and Glossop，1980）以及 PR 与岩石断裂韧性的关系（Nelson et al.，1985），这些关系在均质的低断裂岩石中有较好的预测作用。岩石单轴抗压强度是预测隧道机和钻具性能使用最广泛的参数（Kahraman，1999），除此之外，回弹仪、挺度磨蚀、点荷载、锥形硬度计、肖氏硬度计以及岩石压碎试验等测试方法也广泛应用于表征岩石的可掘进性，计算和预测钻进率指标DRI（drilling rate index）、岩石强度系数（Coefficient of Rock Strength，CRS）和岩石可钻性指标（Rock Drillability Index，RDI）等（Howarth，1986，1987；Nilsen and Ozdemir，1993；Li et al.，2000）。

节理增加了岩体的不连续性和强度，使得在给定推力作用下，TBM的贯入效率提高，从而使TBM的PR提高。因此，有人提出了基于岩体性质而不是完整岩石强度的PR预测公式。例如，通过标准的地质力学分级，国外学者研究了TBM性能与岩体强度的关系（Cassinelli，1982；Innaurato et al.，1991；Grandori et al.，1995）。然而，岩体中的节理裂隙对TBM效率的影响机制和程度，目前人们尚未十分清楚，甚至一筹莫展。Alber（2000）使用Hoek-Brown破坏准则从RMR导出掘进指标SP（Specific Penetration），并建立了SP与岩体单轴强度的关系，这个指标可以对工程的经济性做一个概率估计。

综合国际上关于影响TBM施工的岩石物理力学特性研究可知，目前虽然建立了一些影响TBM施工的岩石物理力学指标，但各个指标的研究大多是孤立的，对各指标之间的联系研究很少。对决定TBM掘进性的岩石矿物基本的物理性质研究不够。这些研究的不足，直接导致根据这些指标建立的TBM岩体质量分级和TBM隧道掘进预测模型的不准确性。因此，综合研究影响TBM施工的岩石矿物性质、岩石脆性、硬度、耐磨度以及岩石力学特性，研究岩石物理力学参数与岩石学微细观组构之间的关系，以及节理密度对岩体可掘进性的影响等是TBM隧道施工领域研究的前沿课题，特别是国内在这方面的研究几乎是空白的状况下，更有研究的必要性和紧迫性。

2）“岩体质量分级体系研究”方面

由于岩体分类在岩石工程中的重要性，岩体分类在国外起步较早，并应用广泛。许多国家的学者先后提出各种岩体分类方法：美国1946年的太沙基分类，1967年的Deere分类，1972年的Wichham分类等；加拿大1976年的Franklim分类；西欧1958年的Lauffer分类，1974年的Pacher分类，Barton分类等；南非1973年的Bieniawski分类，1977年的Laubscher分类，1979年的Olivier分类；澳大利亚1980年的Baczynski分类；新西兰1978年的Rutledge分类和Preston分类；日本1983年的Nakao分类；印度1981年的Ghose分类和Rajil分类，1986年的Venkateswarlu分类；苏联1974年的Protodyakmov分类；波兰1979年的Kidybinski分类等。

国内目前也提出了众多的岩体分类方法，例如，20世纪60年代水利部门提出的水工隧道围岩分类方法，1973年工程兵提出的坑道围岩分类法，1973年铁道部门提出的铁路隧道围岩分类方法，1979年中国科学院地质与地球物理研究所谷德振、黄鼎成、王思敬等提出的岩体质量分级的Z系统，80年代电力部门提出的岩体质量指标 M 分级法，以及 1994 年我国第一次颁布实施的国家标准《工程岩体分级标准》（GB 50218-94）。

上述已有的所有岩体分类方法都是用于普通钻爆法（DB）施工的，而且主要为围岩稳定性（及变形）评价，即开挖支护设计为目标的。即根据影响岩体质量和稳定性的各种地质条件与岩石物理力学特性，将工程岩体分成质量和稳定性不同的若干级别，以此为标尺作为评价岩体稳定的依据。然而，现代的 TBM 施工的不同之处在于：一是围岩稳定性评价的方法不尽相同；二是需要预测钻进速度及选择刀具。在基于现代 TBM 施工的岩体分类中，既要体现机械破岩的难易程度，又要体现围岩稳定的难易程度，这就大大增加了分类的难度。对此，挪威著名学者 Barton 做了大量的工作，1999 年他提出了基于传统 Q 分类体系的可适用于 TBM 施工的扩展岩体分类系统——Q_{TBM}。在这个系统中，他考虑了 TBM 机械参数与岩体之间的相互作用（Barton，1999，2000）。然而，根据 Blindheim（2005）、Palmstrom 和 Broch（2006）以及意大利学者 Sapigni 等（2002）的研究，认为 Q_{TBM} 不适合作为围岩分类系统来预测 TBM 的施工功效（AR）以及贯入效率（PR）等 TBM 施工参数，Q_{TBM} 分类法的一些输入参数对于 TBM 性能是不相干的甚至会引起误导。意大利 Maen 隧道、Pieve 隧道和 Varzo 隧道等的 TBM 隧道施工实践也表明，目前适应于 TBM 施工的 Q_{TBM} 和 RMR 围岩分类方法的预测准确性不足 50%。因此建立适合于 TBM 的围岩分类系统是一项艰难的极富挑战性的国际性难题。

由于影响 TBM 功效参数的因素众多，各因素之间相互影响，关系复杂。因此，解决复杂问题的数学理论，如人工神经网络（Benardos and Kaliampakos，2004）、神经模糊方法（Grima et al.，2000）等被引入 TBM 的功效预测中，并取得初步成果。因此，引入现代的数学理论，如层次分析、模糊聚类分析、人工神经网络，并结合丰富的专家经验，可望为建立适合于 TBM 高效安全施工的围岩分类系统最终提供思路。

3）“TBM 施工与隧道的安全性评价”方面

经过 30 多年的努力，岩石流变力学取得了重要进展，并为一些岩石工程问题的解决提供了重要的理论依据。陈宗基院士等提出并率先在中国科学院岩土力学研究所开展了岩石流变学的研究。岩石力学的时效性，包括蠕变、应力松弛、长期强度等均获得深入的研究，尤其是软弱结构面的流变特性研究有重要的实用价值。在孙钧院士等推动下岩石流变学从试验工作、理论模型到分析原理皆得到了系统的发展和突破。并有岩石流变力学特性的试验研究、流变本构模型辨识与参数反演方法研究、流变本构关系与数值分析方法研究、多场耦合模型等。但是，南水北调西线深埋长隧洞围岩的流变机理尚不清楚，高地应力作用下的岩体流变力学模型涉及甚少，高地应力作用下的长隧洞的长期安全性分析方法尚未真正建立起来。

总之，目前国内外的岩石物理力学特性试验、岩体质量分级方法以及隧道安全性评价方法等大都适应于钻爆法施工，而且均着眼于岩体稳定，没有考虑TBM机械破岩的要求。缺乏一套与TBM隧道施工技术相适应的岩体质量分级方法和安全性评价体系已是目前严重制约TBM施工效率和安全性的瓶颈。TBM岩体质量分级和安全性评价，取决于对岩体岩性以及结构完整性和工程地质力学特性的精细探测、定量评价和准确计算，涉及工程地质、地球物理、岩土力学等相关学科的前沿领域。这就需要传统的工程地质评价方法、地球物理探测手段和岩土力学分析计算等方面，在理论上有所创新、方法手段上有所突破。

高放废物安全处置的研究开发具有长期性的特点，美国于1957年提出高放废物地质处置的设想并开始研究和技术开发，到2018年才有条件能建成处置库。我国高放废物地质处置研究工作始于20世纪80年代，20多年来，在选址和场址评价、核素迁移、处置工程和安全评价等方面均取得了不同程度的进展。例如，以国际重大合作计划DECOVALEX为牵引开展的地下核废料处置研究项目，建设了大型地下实验室，进行了大量工程尺度的现场试验，系统开展了多场耦合作用下地质体特性与污染物迁移的科学研究。中国科学院地质与地球物理研究所在我国高放废物地质处置预选区甘肃北山开展了区域地下水循环与数值模拟研究工作，利用大规模地下水数值模拟技术，建立了我国高放废物地质处置库预选区的水文地质模型，模拟了面积达9万km^2、水文地质条件复杂的预选区在多种情景下的地下水流动和核素运移规律，从宏观尺度刻画了预选区地下水的循环交替特征及其补给、径流、排泄区的分布，为预选区选择和确定适宜场址提供了科学依据。该研究成果是高放废物地质处置领域在水文地质研究方面的重大突破，为我国该领域研究的深化奠定了方法学基础，将成为我国高放废物地质处置研究顶层设计和场址评价标准建立的重要理论和技术依据。

但总体上说，还处于研究工作的前期阶段，距完成地质处置任务的阶段目标任务还有一定差距，必须进一步开展相关研究工作。为了对核废物处置库预选场址进行更准确的评价，需要利用地球物理等手段对预选区重点花岗岩体的展布和内部结构的完整性进行较详细的勘探，为确定处置库场址预选区域和地段比选研究提供支持。

随着经济的发展和生产需求的不断提高，岩石致裂在采矿工程、石油工程以及城镇建设等国家重点工程中发挥了越来越重要的作用，而在一些地表工程建设和页岩气开采中更是最为关键的工程技术。岩石致裂效果的表征与评价是岩石致裂技术的重要研究内容，可以为工程建设管理和决策提供依据，对促进压裂技术发展、工程高效建设和能源高效开发等方面有重要意义。

近年来，水力压裂技术与液态 CO_2 相变致裂技术被学者大量研究，并不断应用到实际生产中。由于页岩气革命的兴起，前者得到大力发展，并成为实现页岩气商业开发的重要技术手段。而液态 CO_2 相变致裂技术作为一种新型的破岩手段，由于其安全高效、使用方便及致裂效果好等优势，被不断地应用到高速公路开挖、隧道施工、矿山开采以及基坑开挖等浅表工程建设中。但是目前针对这两种致裂技术的致裂效果的表征与评价的相关研究报道较少，而对于准确合适的评价指标和评价方法的研究就更为缺少，这使得我们在技术的研究工作和实际应用中缺乏相应的研究基础和评价体系。

影响页岩可压裂性的因素众多，主要与储层的岩矿组成、天然裂缝、力学参数、成岩作用等有关，还与工程参数（排量、压裂量、支撑剂等）、工艺手段（分段压裂、重复压裂等）、地层环境（水平地应力）等有关。各因素彼此之间相互影响，共同表现出岩石的可压裂性特征。

Jaripatke 等（2010）总结了北美页岩区块的水力压裂方法，认为页岩可压裂性可采用脆性来表征，然而脆性无法真实反映储层的可压裂性。唐颖等（2012）综合页岩地质、储层特征等多种因素，采用统计学分析方法将参数标准化，建立可压裂系数的数学模型对页岩可压裂性进行定量评价。赵金洲等（2015）认为岩石可压裂性是岩石物性及地质背景条件的联合表现，影响页岩储层可压裂性的因素主要包含脆性、断裂韧性和天然裂缝；郭海萱和郭天魁（2013）以岩石力学实验为基础，结合室内压裂模拟，考虑了岩石强度特性及断裂韧性特征等相关参数，综合评价可压裂性；袁俊亮等（2013）考虑岩石脆性、断裂韧性与岩石力学参数等研究页岩储层的可压裂性评价方法。Guo 等（2015）采用裂缝迹长的分形维数对裂缝发育情况进行定量表征，并对破碎后的岩块进行分析比较，综合反映岩石脆性、硬度以及天然裂缝系统的影响，评价压后裂缝形成能力。蒋廷学充分运用压裂施工资料，提出用压裂施工曲线表征页岩储层脆性由此评价岩石可压裂性；Aoudia 等（2010）采用统计学理论基础，分析探讨了岩石矿物组分力学基本参数间的相关关系，结合水力压裂模型模拟，进行可压裂性评价。Warpinski 和 Teufel（1987）将水力裂缝分为单一平面的两翼裂缝、复杂多裂缝、天然裂缝张开下的复杂多裂缝和复杂的缝网。Mayerhofer 等（2010）利用微地震监测技术研究 Barnett 页岩压裂过程人工裂缝变化的过程，提出改造的油藏体积（SRV）这一个概念，研究了油藏改造体积与累计产量的关系。贾利春等（2013）对火山岩天然岩样的模拟样品进行室内的真三轴水力压裂试验通过工业 CT 扫描、三维重建和可视化处理，分析岩石的造缝能力及影响因素。张士诚等（2014）对页岩露头样品进行真三轴水力压裂实验，并应用直线加速器对压后岩心裂缝进行扫描，获取压裂缝网形态等参数。侯冰等（2014）给予裂缝性页岩水力压裂模拟实验，利用“裂缝沟通面积”作为表征水力压裂缝网发育程度的评价指标，提出了裂缝扩展规模评价方法。

目前，页岩储层水力压裂效果评价多采用室内试验获得，大尺寸真三轴试验系统不仅需要大尺寸岩心，且试验复杂，不利于工程现场的推广应用。另外，由于影响页岩储层可压裂性的因素众多，对各因素的权重分配尚未存在明确标准，因此其可压裂性评价指标纷繁杂乱且主观性较强，急需提出一种简单明确、便于使用且适用性强的评价指标。

1.2.2　物探类方法

地球物理方法通过在地表进行观测，可获得地下介质的物性参数，成为重大地质工程勘查中不可缺少的有效技术之一。根据地球物理方法所基于的物性参数划分，用于工程勘查的物探类方法可分为基于电磁物性参数的电磁法（包括电阻率法、电磁法、激发极化法和核磁共振法），基于声学弹性和黏弹性（包括流变性）的浅层地震勘探、声波及超声波探测，以及介质密度和磁性的重磁位场方法等类别。以数值模拟和物理模拟等理论研究手段为核心，通过成像和反演等技术，从观测的地球物理数据中得到物性参数分布，从而为解决工程勘查中的具体问题提供物探依据。

1）高分辨浅层地震法

高分辨浅层地震勘探是一种在工程探测领域得到广泛应用的地球物理方法。在工程地震勘探中采用获得的横波速度来确定硬岩还是软岩，确定岩石的强度已写在规范之中。然而，在精细复杂结构和深部结构的工程地震勘探方面还解决不好。参考石油勘探领域的地震类方法，高分辨浅层地震勘探既包括主流的反射波法和折射波法等，也包含衍生的多次波勘探、横波和转换波法、槽波勘探等方法，其数据成像理论则包括反射成像、折射成像、多波分离技术、混波技术、AVO（Amplitude Variation With Offset）技术、VSP（Vertical Seimic Profiling）模拟等（朱德兵，2002）。在工程探测中，借鉴于地震勘探在油气资源领域所发展起来的成熟理论和方法，尽管受到地表复杂条件的限制，高分辨浅层地震勘探在工程探测中得到很好的探测效果。但是，为了尽量适应工程探测的复杂环境，高分辨浅层地震勘探在以下方面仍然具备较大的发展潜力：①震源问题；②多分量、高阻尼、强稳定性和高灵敏度的检波器；③高精度数据成像、实时处理和可视化软件；④三维及四维地震勘探及数据解释方法。

2）重力和磁法

随着重力和磁法的仪器数据采集精度和抗干扰能力的提升，重力和磁法在某些特殊的工程问题中得到应用。近年来，重力和磁法的数值模拟和反演成像技术得到了长足的发展，地形校正、延拓技术、异常分离技术、多物理场联合反演等技术的进步，使得重力和磁法能够与其他地球物理方法结合，提高对目标体的解释精度。目前，高精度磁测可用于水资源调查、矿产资源和区域地质调差等。在工程领域，磁法被用来进行环境污染调查（陈晦鸣和余钦范，1998）、考古发现（林金鑫等，2011；张寅生，1999）以及无损探伤（林俊明等，2000）等领域，并取得了良好的效果。重力法主要应用于测井、石油、煤田、海洋资源、矿产资源勘查等领域。在工程领域，重力法往往作为一种辅助方法，在滑坡治理（许德树等，2004）、隧道工程（尚彦军等，2018）、隐伏岩溶（陈贻祥等 1992）、坝基检测（朱正君等，2014）均得到应用。

3）电阻率法

电阻率法是以地下介质的导电性差异为物理基础，通过人工电流场激发，然后观测电势差随偏移距的变化关系，从而解决资源、环境和工程问题的一种勘探方法。高密度电阻率法是一种拟地震直流电阻率法，因其兼具测深和剖面双重功能，可实现空间域多次覆盖，所以信息可靠性高，分辨率和精度较高。电阻率法数据采集技术成熟、数据处理简单，仅需视电阻率计算、地形改正处理、数值平滑处理、垂直或水平异常突出处理、视电阻率等级划分和断面图绘制等步骤即可获得地下空间电阻率的估计，因此，相比于其他地球物理方法，电阻率法在工程领域应用较多，包括滑坡面探测（郭秀军等，2004）、高速公路岩溶探测（祝卫东等，2006）、隧道超前探测（刘斌等，2009）、堤坝隐患和渗漏探测（董延朋和万海，2006）、城市地下空间探测（葛如冰，2011）等。但是，电阻率法的施工效率和对探测条件的要求，使得其在接地条件差的环境或者需要较大探测深度时会受到一定的限制。

4）激发极化法

激发极化法能够获得地下空间的极化率差异，是金属矿探测中一种重要的地球物理方法，尤其是斑岩铜矿、金矿和铅锌矿等矿床的勘探。激发极化法结合电阻率法或者电磁法，能够同时获得电阻率和极化率两个参数的相互约束，极大提高对探测目标体的识别精度。根据发射源的不同，激发极化法可以分为时间域和频率域两类。频率域方法相比于时间域方法在国内的发展更快，中南大学研制的双频激电仪能够一次供电测量多个参数。在工程探测中，激发极化法在地质超前预报中得到较多应用（罗玉虎，2009；李术才等，2011；聂利超，2015），此外在文物探测（胡清龙等，2008）和找水探测中（卞兆津等，2008）也得到了应用。

5）电磁法

瞬变电磁法以岩（矿）石的导电性、导磁性差异为物质基础，根据电磁感应原理，利用不接地回线或接地线源向地下发送一次脉冲磁场，在一次脉冲磁场的间隙期间，利用线圈或接地电极观测二次涡流场，并研究该场的空间与时间分布规律，来寻找地下矿产资源或解决其他工程地质问题的一种电法勘探方法。用于工程勘查的电磁探测方法主要有三大类：探地雷达（Ground Penetration Radar，GPR）、TEM 和 CSAMT。GPR 法是一种拟地震方法，采用高频波，因此被广泛地应用于电阻率较高地区的探测，并且有较高的分辨能力，但只能探测厘米级至几十米深度，其在电阻率较低区域探测深度受限。TEM 法和 CSAMT 法具有较大的探测深度，是大深度工程探测的主要方法。在工程探测中，瞬变电磁法在隧道超前预报领域应用广泛（薛国强和李貅，2008；苏茂鑫等，2010；孙怀凤等，2011），而 CSAMT 法在深埋长隧道（An and Di，2016；Di et al.，2018，2020）和高放废物地质处置选址得到较多应用（An et al.，2010，2013b；薛融晖等，2016）。

1.3　地球电磁工程探测国内外研究现状

1.3.1　探测方法与技术现状

与工程探测相关的电磁方法，除了 GPR 法、TEM 法和 CSAMT 法外，还包括甚低频法以及 EH-4 等大地电导率仪工作的频率域电磁法等，也在水文和工程领域发挥着作用。GPR 法、TEM 法和 CSAMT 法覆盖不同的探测深度，且具有不同的特点，下面分别简述这三种方法目前的发展情况。

GPR 法是一种根据电磁波在地下介质的传播规律来确定介质的分布特征的地球物理方法。该方法与地震勘探类似，主要采用波动电磁波，因此采用拟地震方法来处理资料和进行地质解释。在仅需探测时，GPR 法利用发射天线向地下注入某一中心频率附近的高频、宽带的短脉冲电磁波。由于所发射的电磁场频率较高，电磁场在地下将以波动的形式传播。传播过程中，电磁波的振幅、相位等波形特征会随介质的电性、几何形状等变化而变化，并经过地下地层或者目标体发射而返回地面。通过在地表的接收天线记录反射回来的电磁场，即可获得地下介质的信息。GPR 法电磁波在地下传播时，遇到高阻体时，反射波长加大、频率变低、强度增高；而当遇到松散介质或低阻不均匀地质体时，电磁波形杂乱无章，并以窄细形同相轴出现。依据这些特征可以识别掌子面前方地质构造特征与隐患，也可借助堤防松散区、软弱夹层、不均匀沉陷带以及裂缝、洞穴等与堤防正常介质的电磁性差异来判断堤防工程质量和隐患（刘传孝等，1998；邓世坤，2000；杨天春等，2003）。

瞬变电磁法是一种建立在电磁感应原理基础上的时间域人工源电磁探测方法

(牛之琏，2007)。根据瞬变电磁法发射源的性质，可将其分为磁性源瞬变电磁法和电性源瞬变电磁法。其中，磁性源瞬变电磁以不接地回线作为发射源，根据发射源与接收点之间的相互关系，可以将磁性源瞬变电磁法分为中心回线、重叠回线、偶极–偶极等装置形式（Nabighian，1988）。回线源瞬变电磁法对低阻体敏感，具有不依赖接地条件，受地形影响较小，施工效率高等优点，得到了广泛应用，尤其成为煤田水患探测和地下水探测等应用中一个必不可少的地球物理探测方法（Danielsen et al.，2003；Meier et al.，2014）。

电性源瞬变电磁法采用接地导线作为发射源，根据观测区域与接地导线源之间的相互关系，可分为长偏移距瞬变电磁法（Long Offset TEM，LOTEM），短偏移距瞬变电磁法（Short Offset TEM，SOTEM）和多道瞬变电磁法（Multi-channel TEM，MTEM）。LOTEM 起源于 20 世纪 70 年代，该方法最初被应用于地壳构造调查和地热勘探。Strack（1992）发表著作 *Exploration with Deep Transient Electromagnetics*，该书综合了 LOTEM 的理论基础、数据处理方法、商业仪器等研究内容，并分析大量的野外探测实例，奠定了长偏移距瞬变电磁法的基本理论体系。SOTEM 由薛国强等（2013）提出，其同样在赤道向观测，但是观测的范围离源较近，偏移距通常为 0.5 ~2 倍探测深度。MTEM 方法由 Anton Ziolkowski、David Wright 和 Bruce Hobbs 等提出并发展（Ziolkowski et al.，2007）。目前，多道瞬变电磁法相关技术的发展趋势主要为：作为地震勘探的辅助手段，进行海上油气资源探测（Ziolkowski et al.，2010，2011）。通过发展海上拖曳式电磁探测系统，并将其与地震勘探系统进行整合，通过一次观测同时完成可控源电磁数据采集和地震勘探数据采集（Zhdanov et al.，2014；Mckay et al.，2015）。

CSAMT 法是一种频率域电磁探测方法，它利用接地长导线作为发射源，在离源较远的区域记录电磁场随频率的变化关系。CSAMT 法由多伦多大学的 D. W. Strangway 和 Myron Goldstein 提出，并于 1975 年正式发表（Goldstein and Strangway，1975）。K. L. Zonge 对方法的发展起到了重要作用，其详细规范了 CSAMT 法的测量准则（Zonge and Hughes，1991）。CSAMT 法通过人工源向地下发射频率域电磁信号，并用接收机采集音频段的响应信号。由于不同频率的电磁场具有不同的穿透深度，因此 CSAMT 法通过改变频率即可达到测深的目的。由于 CSAMT 法的信号强度比大地电磁法的天然源大，可以大幅缩小获得高信噪比数据的叠加次数，从而具有更高的探测效率。通过对记录的电磁场响应进行反演，获取地下介质的电阻率估计。CSAMT 法的数据采集方式，使其在地形较复杂的山区也能够获得应用。另外，CSAMT 法的探测深度达 1000m，目前在断层、水、矿产和隧道勘查中得到了广泛的应用（Goldstein and Strangway，1975；Boerner et al.，1993；Suzuki et al.，2000；Unsworth et al.，2000；He et al.，2006；

Hu et al.，2013；Streich，2016）。许多大型工程多在山区，这个方法需要做地形改正，改正的好坏也影响着探测结果的可靠性和分辨率。

1.3.2 探测装备现状

20世纪初期，国内外开始研究电磁感应方法技术和仪器装备，并将其应用于矿产资源探测中。经过大半个世纪的飞速发展和进步，电磁探测仪器的应用领域已扩展至工程致灾构造定位、深部地质结构成像和油气开采过程监测等重大地质工程应用领域中。电磁探测仪器装备按观测因子和处理方法可分为时间域电磁探测装备和频率域电磁探测装备，按探测的工作场地可划分为地面电磁探测仪器、航空电磁探测仪器、地空电磁探测仪器、井中电磁探测仪器和海洋电磁探测仪器等。按被测场的来源划分为天然场源（被动源）电磁探测仪器和人工场源（主动源）电磁探测仪器。随着方法理论研究的不断深入和装备技术水平的不断提升，电磁探测仪器装备向着精细化、多元化和便捷化的方向不断发展。

国外电磁探测仪器装备研发起步早，且受工业化进程的催化，在过去大半个世纪中获得飞速发展，塑造了一大批成熟的电磁探测装备研发生产企业，并形成了一系列被国际同行广泛应用并认可的商业化装备产品。尤其是在加拿大、澳大利亚、德国、美国和丹麦等国家，涌现出的一大批国际知名的电磁探测装备生产企业，并推出了一系列高端的电磁探测装备，包括加拿大Phoenix公司的V系列、美国Zonge公司的GDP系列、美国KMS公司的多功能地球物理测量系统、德国Metronix公司的ADU系列等。这些企业所生产的产品指标优越、稳定性强且各具优势，相互竞争又相互促进，形成了市场竞争与合作发展并存的市场氛围，一度垄断着国内外的电磁探测装备市场。

与国外电法勘探仪器相比，早期国内研制的仪器功能相对单一，发展速度相对缓慢，特别是21世纪初期，随着国外先进电法仪器的大量涌入，国内市场逐渐被国外仪器垄断，最终形成目前大探测深度的频率域电磁法仪器过度依赖进口的被动局面。但从2010年以来，随着我国探测需求日益迫切，自主研发进行地下深部探测的地球物理仪器设备的需求引起了国家层面的重视，国内政府和企业资本投入不断增大，自主创新的方法技术研究进一步深入。目前，我国电磁法仪器研发正在迈上一个新台阶，逐步缩小与国外电磁法仪器的差距。截至目前，已成型的几套商用化产品指标基本与国外先进系统持平，正逐步找回国内市场的主动权。但国内仪器装备目前仍然面临着生产工艺不精、核心部件依赖进口、装备长期工作稳定性有待提升等问题。国内仪器装备要实现产品化和国际化，在国际市场开拓立足之地，仍然任重而道远。

1.3.3　工程应用现状

地球物理方法通过获取地下空间地层的物性分布与几何结构，能够为各类工程应用问题提供依据。按照目标体深度划分，工程应用问题可以分为浅层探测问题和中深层探测问题。浅层工程探测问题，包括水利、交通、环境保护、城市建设、考古发现等领域的实际应用问题，可采用浅层地质、高密度电法、高精度重磁测量、探地雷达和地面核磁共振技术等方法，为诸如基础勘查、地下空洞探测、管线追踪和检测等具体问题提供可靠依据（林君，2000；朱德兵，2002；胡祥云等，2006；戴前伟等，2012）。然而，由于地球物理方法均有探测深度限制，深层工程探测问题主要采用电磁法开展探测，这类问题是本书的主要内容，包括深埋长隧道/洞工程、隧道掌子面探测、高放废物地质处置选址和非常规油气储层压裂动态监测等领域的工程应用问题。这类问题中的探测目标体往往埋深较大，传统的浅层地球物理方法应用受限。但是，这类目标体均存在明显的电性差异，使得电磁法能够获得有效应用。下面将分别介绍这几个领域的地球电磁法的国内外研究现状。

1）深埋长隧道/洞工程应用

深埋长隧道/洞工程探测是水利、水电、铁路、公路和矿山等建设中常见的工程问题。由于隧洞地区的工程地质条件的复杂性，深埋长隧道/洞工程往往需横穿多个地质构造单元和具有活动性的区域性大断层带，可能出现隧洞涌水、岩爆、围岩形变、外水压力、高地温、放射性危害与有害气体等不良地质问题。考虑到由于深埋长隧道/洞往往地面海拔高、探测深度大或地形情况复杂。常规地球物理勘测技术难以适应隧道工程发展需要，特别是对于埋深超过1000m时效果不佳。CSAMT法等高频电磁法具有地形适应性强、成本低和探测深度大等特点，成为深埋长隧洞探测的重要方法。此外，可选择浅层地震勘探、电测深、高密度电法、瞬变电磁法、综合测井以及放射性勘探作为辅助手段（Schnegg and Sommaruga，1995；Suzuki et al.，2000；Parks et al.，2011），进一步获得地层的弹性、电性和放射性特征等。国内学者利用CSAMT法在我国交通、水电、矿山、国防等工程领域取得了很好的应用效果。作者也在南水北调西线、石太客运线等深埋长隧道开展了地质结构精细探测，成功地划分了断裂、破碎带的分布，圈定了岩溶等含水构造体，保障了隧道安全施工（Wang，2010；An et al.，2013b；An and Di，2016；Di et al.，2018，2020）。

2）隧道掌子面探测

由于埋深大、洞线长，隧道施工前期的地质勘察只能查清地表或有限埋深内的不良地质和水害隐患，而隧道沿线的岩溶发育、断层破碎带、地下暗河等可能造成地质灾害问题的隐患往往难以查清。在隧道开挖过程中，为了解决可能遭遇的地质隐患，确保施工安全，可采用隧道地质超前预报手段，在隧道掌子面进行探测。用于隧道掌子面探测的地球物理方法有多种，包括水平声波法、陆地声呐法、TSP法、瞬变电磁法、地质雷达、红外探水法等。

瞬变电磁法是目前隧道掌子面探测的一种重要方法。由于隧道掌子面探测是在包含隧道腔体的三维全空间环境中，不能照搬地面探测的观测方式和数据处理方法。瞬变电磁隧道掌子面探测时，一般在掌子面上布设不接地的回线发射磁源电磁信号，并采集掌子面前方低阻地质体所产生的感应涡流产生的随时间变换的电磁场响应，以获取这些地质体的分布信息。近年来，国内外学者针对瞬变电磁法掌子面探测，发展了视纵向微分电导成像技术、等效导电平面解译方法和矿井三维瞬变电磁探测技术等数据解释方法，提高了对目标体定位、界面识别等方面的效果，实现了掌子面前方约80m的探测距离（Xue et al.，2007；薛国强和李貅，2008；苏茂鑫等，2010；姜志海和焦险峰，2011；孙怀凤等，2011）。国内学者利用瞬变电磁法近似隧道掌子面的超前预报工作，在宜万线铁路八字岭、锦屏水电枢纽工程辅助洞等深埋长隧道，开展了掌子面地质灾害超前预报，预测准确度达到90%以上（李貅等，2013）。

3）高放废物地质处置选址

高放废物的安全处置对核工业可持续发展的重要课题。目前的方案为在地下500～1000m深度建造地质处置库，然后利用工程屏障和天然屏障对高放废物进行永久隔离。高放废物的强放射性和毒性且半衰期长的放射性核素，使得所建造的地质处置库需具有较高的长期稳定性，以获得较长的寿命（Wang，2010）。因此，高放废物地质处置选址需要调查拟选区域地质环境、地球物理场特征、构造与岩石特征、水文与工程地质，从而评估选址区域地质体的完整性和稳定性。

电磁探测方法能够获得预选址区域的电性特征，能够为地质体的稳定性提供依据。目前，在高放废物地质处置预选址研究中，主要采用的方法为CSAMT法。甘肃北山和内蒙古阿拉善地区人口稀少，气候干旱少雨，可能存在适合建造高放废物地质处置库的花岗岩体，成为被推荐的预选区之一。中国科学院地质与地球物理研究所在甘肃北山和内蒙古阿拉善地区的处置区，利用CSAMT法开展了多次高放废物地质处置备选场址预选及评价研究工作（An and Di，2016；An et al.，2013a，2013b，2010；Di et al.，2018，2020；薛融晖等，2016）。通过利用CSAMT法的高精度反演结果和三维剖面，通过分析典型测深曲线了解岩石完整与否的响应差异，对比钻孔测井和反演曲线，并结合区内浅表地质信息和钻孔资料以及地面磁测和航空磁测资料，对CSAMT剖面反演结果进行了解释，划定了岩体内部结构，详细地给出了选址区域的完整性评估。

4）非常规油气储层压裂动态监测

在非常规油气藏开发过程中，需要采用分段压裂技术对储层进行改造，以获得有效人造压裂区。页岩气的开采量取决于压裂区裂隙的发育模式和程度以及范围大小，因此压裂效果对页岩井的产量具有重要影响。通过对压裂区的裂隙发展情况进行检测，可以评价压裂效果，从而指导页岩气的设计开发。地震法是以瞬间开裂作为振动震源检测地震波观测资料的一种方法，包括时移地震、微地震和井间地震，已在压裂监测中获得成功应用（Albaric et al., 2014）。但是，地震法难以获得准确的速度模型，严重影响裂隙的定位精度（Hoversten et al., 2015）。在我国非常规油气的主产区灰岩覆盖、地质结构复杂，仅仅采用地震法难以获得令人满意的压裂裂缝的动态监测效果。

电磁法近年来在非常规油气储层的压裂监测中得到了成功应用。在向储层注入压裂液时，压裂缝中进水，改变岩层的电性参数，这意味着压裂液会对储层的电性性质进行改造。由于压裂液相对于围岩往往具有明显的低阻和高极化特性，使得电磁法在压裂动态监测中具有坚实的物理基础。通过电磁法探测，可以对压裂液的流体走向、体积和裂隙的连通性进行评估，从而评估油气开采过程中的压裂效果。近年来，随着大地电磁法三维数据采集和正反演技术的发展，大地电磁法在地热压裂、煤层气开发和油气田开发中的动态监测获得应用（Peacock et al., 2012；He et al., 2015；Rees et al., 2016）。与大地电磁法相比，人工源电磁法具有分辨率高、信噪比强和工作效率高等优势。频率域（如 CSAMT 和时频电磁法）与时间域电磁法（如 LOTEM 和 MTEM）人工电磁法已广泛用于油藏动态监测中，取得了较好的应用效果（Orange et al., 2009；Hoversten et al., 2015；Streich, 2016；Xu et al., 2016）。中国南方页岩储层埋深大（3000m 左右），上覆盖层又有巨厚的志留系低阻泥岩，对电磁信号起到了一定的屏蔽作用。但随着近年来人工源电磁法发射源功率和接收系统灵敏度的提高，其深部探测效果得到极大提升。我国涪陵和焦石坝等页岩气田的压裂过程中，开展了电磁阵列剖面法四维观测，揭示了地下应力场和压裂状态，为气田生产布井和调整压裂方案提供了依据（严良俊等，2018）。

1.4　本书研究内容

1.4.1　重大地质工程电磁探测方法研究

1. 地面电磁三维精细探测方法

针对复杂地形和复杂地质结构，建立了基于三维有限差分法、有限元法及积分方程法的电磁数值模拟方法，实现了工程地质体电磁响应三维模拟仿真。将瞬变电磁法从地面引入隧道掌子面空间进行探测，研发了探测隧道掌子面前方富水地质体的拟地震偏移成像方法，实现了掌子面前方50m含水结构体有效预报。利用与发射频率相关数据重构信号，实现强干扰的高效压制，研发成功电磁数据处理、反演解释和可视化的一体化高精度三维电磁成像技术。具体包括电磁信号信噪有效分离、有源电磁法三维正演计算关键技术、可控源音频大地电磁法三维反演等内容。

2. 地下瞬变电磁探测方法

瞬变电磁场是一种时间域涡流场，晚期情况下在介质中以扩散形式传播。在隧道中工作时，可以采纳的主要装置方式有两种，一种是沿着隧道方向在已开挖的空间进行观测，一种是在掌子面进行观测。前者装置涡流场同时向下、向上传播，需要考虑全空间问题；后者装置在隧道掌子面尺寸大于发射回线边长5倍情况下，可以忽略隧道侧面围岩产生的感应场的影响，近似认为涡流场只向隧道掌子面前方的介质方向传播接近于半空间的场。为了调查掌子面前方的地质结构，选择合适的观测装置方式，形成合理的观测参数，通过对不同地质目标体的电磁响应的数值模拟，形成有效的掌子面瞬变电磁超前预报探测方法。

隧道中的探测方法不能照搬地面方法，必须采用全空间条件下的方法。瞬变电磁场所满足的扩散方程主要刻画电磁涡流场的感应扩散特征，而基于扩散方程的偏移成像及反演方法，一般对电性界面的分辨能力较差，这就需要寻找一个数学上的处理办法，将扩散瞬变电磁场变换成等效“波场”，对此，需要研究适应于隧道特定条件下对水体地质体的拟地震偏移成像方法，即采用克希霍夫积分法进行等效瞬变电磁波场偏移成像处理，实现原始扩散电磁波场的延拓计算。

3. 航空和地空电磁探测方法

航空和地空电磁法均是在地面电磁法的基础上发展起来的探测方法，但是具有更高的探测效率。航空电磁法将发射系统和接收系统均搭载在飞行器上，地空电磁法则是将发射系统置于地面，而将接收系统搭载于飞行器。这两种方法通过将数据采集平台的全部或者部分搭载于航空平台上，可有效克服地形和地貌的限制，获得更高的探测效率。但是，航空和地空电磁探测方法的这种观测方式，一方面，使得系统所记录的目标体响应减弱；另一方面，采集数据的时间缩短，无法通过多次叠加的方式增强数据信噪比。因此，这两种方法目前主要用于500m以浅目标体的探测。近年来，这两种方法的基本原理、装备和信息提取技术等得到了长足的发展，日益受到关注，有望为浅层矿产资源和工程地质勘查提供支撑。

1.4.2 高性能电磁装备核心技术研究

根据实际地质工程探测需求，重点需要研究大功率、强电流发射机研制、高灵敏度 MT 和 CSAMT 感应式磁传感器研制、多通道采集站研发和数据处理方法和软件研发等内容。通过攻关，已研制出大功率、宽频带的地面频率域电磁测深发射系统，感应式磁传感器，单机 12 通道可自动监控质量的数据采集站和三维电磁资料预处理及正反演成像软件。特别是在各分系统实验室测试的基础上，开展了系统野外集成、优化以及和国外同类先进设备比对的整体测试，不断完善各分系统和总体集成系统，以提升我国电磁探测装备自主研发能力和水平。

1.4.3 重大地质工程应用研究

1. 深埋长隧道探测

在南水北调西线一期工程、石太客运专线、广乐高速等 46 条总长度 335km 的深埋长隧道，针对工作范围内的地质构造格架、产状、深部延伸形态，不同岩性分布及岩溶发育等特定目标体开展了可控源音频大地电磁法对隧道通过区地层薄弱地质结构探测的应用研究，探测深度达到了隧道洞深线高程以下 50m。结合物探测量工作，需要解决的地质问题为：①提出隧道围岩等级划分方法，分析断层的宽度、产状、位置及活动性，并分析断层的富水性及其对工程的影响，针对隧道施工可能遭遇的地质灾害问题，提出工程措施和建议；②圈定隧道区岩溶发育的形态、规模、深度，推测地下岩溶管道的分布，总结岩溶管道与断裂破碎的发育关系；③地球物理与工程地质、水文地质的有机融合，为隧道施工过程中的超前地质预报提供了参考依据和建议。

2. 隧道掌子面预报

由于高速铁路以及城市地铁建设中隧道通过区的地质情况相当恶劣，为了增加隧道施工的安全性，除了加强“深埋长隧道探测”节中的地面探测水平以外，如何把地面上较成熟的瞬变电磁法成功地运用到地下空间，对掌子面前方含水结构体进行有效预报，也是非常重要的。为此，需要研究瞬变电磁法导论、全空间瞬变电磁场响应直接时域解、广域多分量视电阻率定义、瞬变电磁法隧道超前预报原理、不良地质体数值模拟计算及结果分析、瞬变电磁隧道超前地质预报关键技术研究、资料处理方法及软件设计等内容。

3. 高放废物地质处置选址

利用电磁勘探手段为甘肃北山、内蒙古阿拉善预选区地质处置库的综合评价和今后勘探工作的部署提供科学依据，围绕一下两个问题开展研究：①岩体展布和深部延伸情况。甘肃北山向阳山-新场岩体的展布和深部延伸情况还不清晰。受推覆作用的影响岩体的内部可能产生破坏，形成不良地质结构和可能的储水空间。如果岩体没有受到推覆作用，那么岩体深部延伸状况又如何？②花岗岩体内部精细地质结构。由于岩体内结构可能具有不同规模的尺度，含水性能和埋藏深度也不尽相同，因此只有利用高精度的物探技术，才能获得岩体内部精细结构的可靠结果。

4. 页岩气压裂监测

电磁法压裂监测技术既具有成本低、范围清楚的优点，又可以弥补微震监测的不足。本方法的开发和推广应用，对页岩气开发生产具有重要意义。试验区隶属于重庆市涪陵区。区域构造位置位于四川盆地川东南构造区川东高陡褶皱带包鸾-焦石坝背斜带中的焦石坝背斜，构造呈北东向展布。在涪陵页岩气区块51-5HF水平压裂井的6-9段采用时移可控源电磁法观测试验。本次电磁法压裂监测试验的研究内容是圈定压裂范围，为下一步生产布井和调整压裂方案提供了依据；评价了作业段的改造效果，指导了相邻井或井段压裂方案调整及开发片区后续压裂方案的设计。

第 2 章　重大地质工程电磁探测方法

本章对解决重大地质工程探测问题中的电磁探测方法进行了研究，也简述了地面、地下和空中三种探测场景下电磁探测的基本原理、工程探测特点和关键技术等。对于地面电磁探测方法简述了 CSAMT 法的基本原理、信噪分离技术、数值模拟和高精度反演方法，对于地下电磁探测方法主要介绍用于隧道掌子面超前预报理论的瞬变电磁法，对于空中电磁探测方法，主要介绍新近发展和应用的地空电磁方法。本章内容侧重方法理论，便于读者阅读后面章节中的重大地质工程问题的探测实例。

2.1　地面电磁三维精细探测方法

2.1.1　地面电磁法工程地质结构探测介绍

前述讲到重大地质工程中面临的工程难题和探测需求，地下地质结构体和灾变体就是探测目标体，已经非常明确。基于这些目标体的物性差异、赋存深度、探测成本以及实测效果等诸多因素，地面电磁法成为在工程地质结构探测中一种行之有效的技术手段。

20 世纪苏联学者 TuxohoB 和法国学者 Cagniard 提出了天然场源的大地电磁法（MT）（Cagniard，1953），在研究大尺度的地壳和上地幔电性结构中具有相当大的优势。由于天然场源信号强度较弱，观测时间很长、效率低，对于研究浅部电性结构的工程地质领域则有较大的局限性。因此，人工源地面电磁法应运而生。20 世纪 60 年代和 70 年代早期，频率电磁法（FEM 或 FDEM）和时间域电磁法（TEM 或 TDEM）开始发展。1971 年，可控源音频大地电磁法被提出，并在矿产、地热资源、工程等领域得到了成功的应用。随着电磁勘探理论、数据处理和正反演研究的深入，为地面电磁在工程地质结构探测的不断发展奠定了基础。本章节主要简述可控源音频大地电磁法的一些研究进展。

2.1.2　CSAMT 法原理及工程探测特点

1. CSAMT 法原理

CSAMT 法是 20 世纪 80 年代末兴起的一种地球物理新技术（Goldstein and

Strangway，1975），它基于电磁波传播理论和麦克斯韦方程组导出的水平电偶极源在地面上的电场及磁场公式：

$$E_x = \frac{I \cdot AB \cdot \rho_1}{2\pi r^3} \cdot (3\cos^2\theta - 2) \tag{2.1}$$

$$E_y = \frac{3 \cdot I \cdot AB \cdot \rho_1}{4\pi r^3} \cdot \sin 2\theta \tag{2.2}$$

$$E_z = (i-1)\frac{I \cdot AB \cdot \rho_1}{2\pi r^2} \cdot \sqrt{\frac{\mu_0 \omega}{2\rho_1}} \cdot \cos\theta \tag{2.3}$$

$$H_x = -(1+i)\frac{3I \cdot AB}{4\pi r^3} \cdot \sqrt{\frac{2\rho_1}{\mu_0 \omega}} \cdot \cos\theta \cdot \sin\theta \tag{2.4}$$

$$H_y = (1+i)\frac{I \cdot AB}{4\pi r^3} \cdot \sqrt{\frac{2\rho_1}{\mu_0 \omega}} \cdot (3\cos^2\theta - 2) \tag{2.5}$$

式中，μ_0 为真空磁导率；i 为虚数单位；I 为供电电流强度；AB 为供电偶极长度；r 为场源到接收点之间的距离；θ 为电偶极方向与观测点和 AB 中心点连线之间的夹角。

由式（2.1）沿 x 方向的电场（E_x）和式（2.5）沿 y 方向的磁场（H_y），就可获得地下的视电阻率 ρ_s 公式：

$$\rho_s = \frac{1}{5f}\frac{|E_x|^2}{|H_y|^2} \tag{2.6}$$

也称卡尼亚电阻率，式中 f 为频率。

根据电磁波的趋肤效应理论，导出了趋肤深度公式：

$$H \approx 356\sqrt{\frac{\rho}{f}} \tag{2.7}$$

式中，H 为探测深度；ρ 为地表电阻率；f 为频率。

从式（2.7）可见，当地表电阻率一定时，电磁波的传播深度（或探测深度）与频率成反比。高频时，探测深度浅，低频时，探测深度深。由此通过改变发射频率来改变探测深度，从而达到变频测深的目的。

2. 工程探测特点

（1）对于南水北调、高放废物地质处置和页岩气压裂等国家重大地质工程而言，面临的主要工程难点是，导致突水突泥等灾害的地下存在软弱结构如何确定，地下岩体和构造是否完整和稳定，页岩气储层结构特征及压裂效果评价。

（2）探测目标体为地下的地质结构体和不良灾变体。

（3）此类工程中亟待大深度、高分辨率探测。

因此，我们通过理论方法创新和探测技术研究，服务于深埋长大隧道不良地质体探测、高放废物地质处置预选区岩体结构探测和页岩气储层压裂裂缝监测等重大工程应用，为重大工程建设及减灾防灾提供了科学依据。

2.1.3　电磁信号信噪有效分离方法

电磁噪声的干扰问题长期制约着电磁勘探方法的施工与应用，噪声的处理与压制成为电磁方法得以成功实施的先决条件与关键所在。针对越来越多的随机电磁干扰，采用 HHT（Hilbert-Huang Transformation）方法进行可控源电磁勘探数据的噪声分析与处理。通过对原始数据进行经验模态分解，得到电磁信号随频率且随时间变化的时频能量谱，在此能量谱中可明显分离与去除发射频率之外的噪声，从而构建得到压制强干扰的电磁信号数据。

1. 基本公式

HHT 基本步骤包括两大部分，首先从被分析信号中提取其本身固有的固有模块函数（IMF），这一步称为经验模态分解（Empirical Mode Decomposition，EMD），它的核心是筛选过程；其次是将每个 IMF（Intrinsic Mode Function）与它的 Hilbert 变换构成一个复解析函数，并由此导出作为时域函数的瞬时幅值和瞬时频率，从而给出被分析信号幅值的时间–频率分布，称为信号的 Hilbert 谱。

EMD 方法的具体“筛选”过程如下：首先获得信号数据 $x(t)$ 的所有极值点，将所有的局部最大值用三次样条插值函数形成数据的上包络，同理，将所有的局部最小值用三次样条插值函数形成数据的下包络，上下包络应覆盖所有的数据点，其均值记作 m_1（第一个上下包络均值），从原数据序列中减去 m_1 得到第一个分量 h_1：

$$h_1 = x(t) - m_1 \tag{2.8}$$

“筛选”的过程必须进行多次，直到满足 IMF 的条件为止，于是就从原数据中分解出第一个 IMF 分量，记作：

$$h_{1k} = h_{1(k-1)} - m_{1k} \tag{2.9}$$

“筛选”的过程去除了叠加波，这使得得到的 IMF 分量经 Hilbert 变换后得到的瞬时频率有意义，同时，“筛选”的过程也使得振幅变化很大的相邻波形变得平滑，这有可能会去除有意义的振幅波动，得到振幅恒定、只有频率调制的 IMF 分量。为了保证 IMF 分量的频率调制和幅度调制都有意义，必须确定“筛选”过程的停止标准。这可以通过计算连续两个筛分结果的标准差 SD 的值来定义：

$$\mathrm{SD}_k = \frac{\sum_{t=0}^{T} \left| h_{k-1}(t) - h_k(t) \right|^2}{\sum_{t=0}^{T} h_{k-1}^2(t)} \tag{2.10}$$

根据上述停止标准结束“筛选”的过程后，得到第一个 IMF 分量，并得到残余信号。

r_1 仍包含原始数据中的频率信息，因此将其作为新的信号重复上述的“筛选”过程，得到第二个 IMF 分量 c_2，重复以上过程，当最后得到的 IMF 分量 c_n 或残余信号 r_n 的值小于预先设定好的值，或者最后的残余信号 r_n 为单调函数，不能再“筛选”出 IMF 分量时，整个分解过程就结束了。则原始信号可表示为

$$x(t) = \sum_{i=1}^{n} c_i + r_n \tag{2.11}$$

至此，原始数据信号被分解为 n 个 IMF 分量和一个残余量 r_n，这就是经验模式分解（EMD）算法。得到了内在模式函数分量后，对各阶 IMF 分量进行 Hilbert 变换：

$$y(t) = \frac{1}{\pi} P \int_{-\infty}^{+\infty} \frac{c(\tau)}{t - \tau} \mathrm{d}\tau \tag{2.12}$$

式中，P 为 Cauchy 主值，$c(t)$ 与 $y(t)$ 组合成解析信号 $z(t)$：

$$z(t) = c(t) + iy(t) \tag{2.13}$$

从而可以定义时变函数 $z(t)$ 的幅值 $a(t)$ 和相位 $\theta(t)$：

$$a(t) = \sqrt{c(t)^2 + y(t)^2}$$
$$\theta(t) = \arctan\left[\frac{y(t)}{c(t)}\right] \tag{2.14}$$

进一步可以定义瞬时频率：

$$\omega(t) = \frac{\mathrm{d}\theta(t)}{\mathrm{d}t} \tag{2.15}$$

最终我们可以把原始信号表达如下：

$$x(t) = \sum_{j=1}^{n} a_j(t) \exp\left[i\int \omega_j(t)\,\mathrm{d}t \right] \tag{2.16}$$

这里不考虑余量 r_n，因为它是一个单调函数或者一个常量。其实部定义为信号的 Hilbert 谱，记为 $H(\omega,t)$，对其时间积分可得到信号的 Hilbert 边际谱：

$$h(\omega) = \int_0^T H(\omega,t)\,\mathrm{d}t \tag{2.17}$$

HHT 基于信号局部特征，能自适应地分解得到平稳的 IMF 分量，经 Hilbert 变换后得到的瞬时频率和 Hilbert 时频谱能够反映真实的物理过程，可以很好地分析处理非线性、非平稳信号。

2. 数值结果

为了直观描述 HHT 方法，首先对模拟的信号进行 HHT 变换分析：

$$x=\sin(2\pi\times 2t)+\sin(2\pi\times 19.048t)+3\sin(2\pi\times 50t) \tag{2.18}$$

信号中包含 2Hz、19.048Hz、50Hz 三种频率成分，同时加入较强的随机干扰噪声。经过 HHT 方法处理，可以得到其 Hilbert 时频能量谱如图 2.1 所示。从图中可以明显看到，三种频率成分的分布，但均受到了不同程度的干扰，整个频率范围和信号存在的时间内随机噪声均有分布。

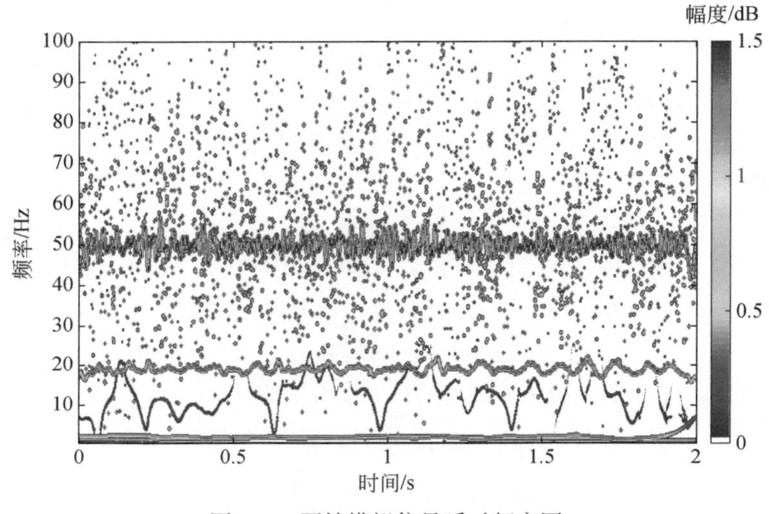

图 2.1　原始模拟信号瞬时频率图

对信号进行噪声压制重构处理，得到结果如图 2.2 所示。从图中可以看到，

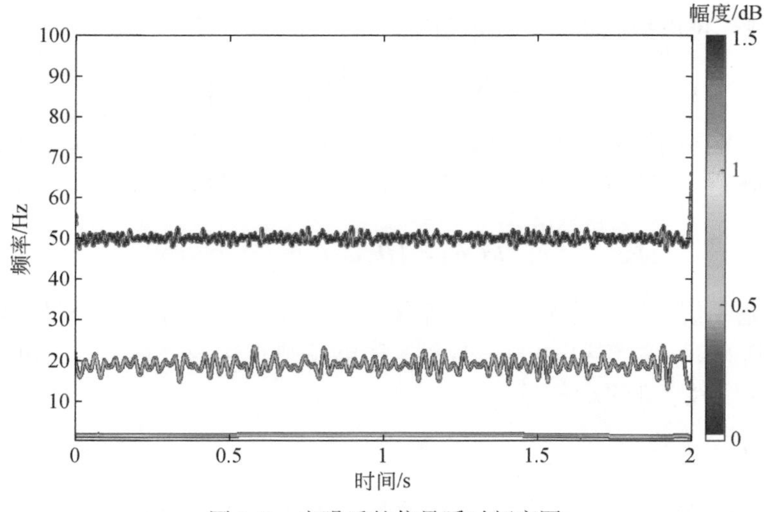

图 2.2　去噪后的信号瞬时频率图

在整个频率范围内随机噪声已经基本被完全去除，三种频率成分的能量条带均十分明显。能量谱中50Hz的目标频率的能量得到了聚集；对于19.048Hz的目标信号，其附近较强的干扰噪声被完全去除；对于2Hz的目标信号，其能量条带稳定明显。

2.1.4 复杂地形、复杂结构有源电磁法三维正演数值模拟

由于勘探深度日益加大和近地表复杂的地质环境，使得有源电磁法勘探由一维和二维反演转向三维反演，由定性解释转向定量解释。三维反演技术作为定量解释的核心，其发展需以精确、稳定、高效的正演算法为基础。针对复杂地质结构，研究了三维有限差分法、有限元法及积分方程法电磁数值模拟方法，并开发了并行算法，能够实现深埋复杂结构的高精度数值正演模拟及参数反演。

1. 电磁场有限差分法数值模拟

1）基本方程和有限差分法正演模拟

电磁场满足麦克斯韦方程组（Nabighian，1988）：

$$\begin{aligned} \nabla\times\boldsymbol{H} &= \nabla\cdot\boldsymbol{E}+\boldsymbol{J}^e+\varepsilon\frac{\partial\boldsymbol{E}}{\partial t} \\ \nabla\times\boldsymbol{E} &= -\mu\frac{\partial\boldsymbol{H}}{\partial t} \end{aligned} \tag{2.19}$$

电磁场$\boldsymbol{E}$，$\boldsymbol{H}$的有限差分正演模拟可以直接从麦克斯韦方程出发，当介质的电性结构随空间位置缓变时，上述麦克斯韦方程组可以转化为波动方程：

$$\begin{aligned} \nabla^2\cdot\boldsymbol{E}-\mu\varepsilon\frac{\partial^2\boldsymbol{E}}{\partial t^2}-\mu\varepsilon\frac{\partial\boldsymbol{E}}{\partial t} &= \boldsymbol{J}^e \\ \nabla^2\cdot\boldsymbol{H}-\mu\varepsilon\frac{\partial^2\boldsymbol{H}}{\partial t^2}-\mu\varepsilon\frac{\partial\boldsymbol{H}}{\partial t} &= \boldsymbol{J}^m \end{aligned} \tag{2.20}$$

上述波动方程组忽略了外电荷和自由电荷的影响，$\boldsymbol{J}^e$表示外加电流源，$\boldsymbol{J}^m$表示外加磁源。正演模拟也可以从上述波动方程出发进行。无论从麦克斯韦方程组出发还是波动方程组出发，都出现了场对空间坐标和时间坐标的微分。这里从波动方程出发，来进一步简述有限差分问题，并假设$\varphi(x,y,z,t)$表示$\boldsymbol{E}$，$\boldsymbol{H}$六个分量中的任一分量，它满足波动方程：

$$\nabla^2\cdot\varphi-\mu\varepsilon\frac{\partial^2\varphi}{\partial t^2}-\mu\varepsilon\frac{\partial\varphi}{\partial t}=\boldsymbol{J} \tag{2.21}$$

式（2.21）表明，考虑或者不考虑$\frac{\partial\varphi}{\partial t}$项，都是探地雷达波正反演时使用的方程。如果不考虑$\frac{\partial^2\varphi}{\partial t^2}$项，则是CSAMT、TEM等方法考虑的方程。在空间变量

上，式（2.21）可以是一维（x）、二维（x,y）或者三维（x,y,z）问题的正反演研究。如果 y 转换为波数 k_y，则（x,k_y,z）域转换成波数，此时的三维问题称为2.5维。作者曾专门从事过2.5维有限差分研究。基于式（2.21）开展有限差分正反演研究需要将微分方程转换为有限差分方程。转换的方法也比较简单。假设空间剖分和时间剖分的网格是均匀的，即时间步长是均匀的，为 Δt，空间坐标间距是均匀的，为 $\Delta x=\Delta y=\Delta z$。于是，

$$
\begin{aligned}
\frac{\partial\varphi}{\partial t}&=\frac{\varphi(x,y,z,t_{i+1})-\varphi(x,y,z,t_i)}{\Delta t}\\
\frac{\partial^2\varphi}{\partial t^2}&=\frac{\varphi(x,y,z,t_{i+1})+\varphi(x,y,z,t_{i-1})-2\varphi(x,y,z,t_i)}{\Delta t^2}\\
\frac{\partial\varphi}{\partial x}&=\frac{\varphi(x_{i+1},y,z,t)-\varphi(x_i,y,z,t)}{\Delta x}\\
\frac{\partial^2\varphi}{\partial x^2}&=\frac{\varphi(x_{i+1},y,z,t)+\varphi(x_{i-1},y,z,t)-2\varphi(x_i,y,z,t)}{\Delta x^2}
\end{aligned}
\tag{2.22}
$$

依次可求得微分$\frac{\partial\varphi}{\partial y}$，$\frac{\partial\varphi}{\partial z}$的差分形式。

将相应的时空微分的差分格式代入式（2.21），获得相应波动方程的差分方程形式。要使式（2.21）的差分形式的方程有解，必须还要知道 φ 在计算区域边界上的值。

$$
\varphi(x,y,z,t)\mid_{边界}=\varphi(x_{边},y_{边},z_{边},t) \tag{2.23}
$$

通常式（2.23）中 $\varphi(x_{边},y_{边},z_{边},t)$ 是不为零的，只有当边界和电磁源的距离很大时，$\varphi(x,y,z,t)\mid_{边界}=0$ 才近似成立，有限差分才变得容易实现。由于重大工程隧道开挖，特别是深埋长隧道开挖，高效地质储库建设等工程地球物理探测多遇到复杂地质结构问题，需要进行精细探测，电磁场的有限差分正反演模拟计算需要剖分的网格数目多，网格距离小，则将导致 $\varphi(x_{边},y_{边},z_{边},t)=0$ 的条件难以实现。于是，人们采用异常场 φ_a 的概念来代替总场 φ，即当外加电源或者磁源激发计算区不均匀异常体。这些不均匀的异常体将称为二次电磁场的源而产生异常场 φ_a，于是 $\varphi(x,y,z,t)=\varphi_b(x,y,z,t)+\varphi_a(x,y,z,t)$，即总场等于外加电、磁源在均匀或者层状等规则的电性介质中激发的背景场 $\varphi_b(x,y,z,t)$ 和在不均匀的异常体介质中激发的异常场 $\varphi_a(x,y,z,t)$ 之后。

这样，如果我们只对异常场 $\varphi_a(x,y,z,t)$ 做有限差分正演模拟，那么边界条件 $\varphi(x_{边},y_{边},z_{边},t)=0$ 成立，此时电导率 $\sigma(x,y,z)=\Delta\sigma(x,y,z)$。由于均匀体、不均匀体的其他电性参数 ε，μ 差异较小时，ε 和 μ 可维持原值，否则若实际地层的 ε、μ 均匀体和不均匀体之间的差异较大，则模拟时需要使 $\mu=\Delta\mu$，$\varepsilon=\Delta\varepsilon$。

用有限差分方程求得 $\boldsymbol{E}_a(x,y,z,t)$ 后，若需要和观测资料进行比较，需要将

观测资料 $\varphi_{观}(x,y,z,t)$ 减去背景场 $\varphi_b(x,y,z,t)$，使得

$$\varphi^a_{观}(x,y,z,t)=\varphi_{观}(x,y,z,t)-\varphi_b(x,y,z,t) \tag{2.24}$$

从而去和有限差分计算的 $\varphi_a(x,y,z,t)$ 去比较、分析和评价观测区地下电性结构异常体的位置、物性等。这就要求对层状介质等背景模型的理论场的求取。这一方面作者和课题组已经做了许多研究并自编了软件，与美国犹他大学佐丹诺夫课题组的软件以及俄罗斯商用软件结果可以对比。

当同时用有限差分法去正演电场和磁场时，如同时正演 E_x 和 H_y，可用图 2.3 所示交错网格技术来实现。

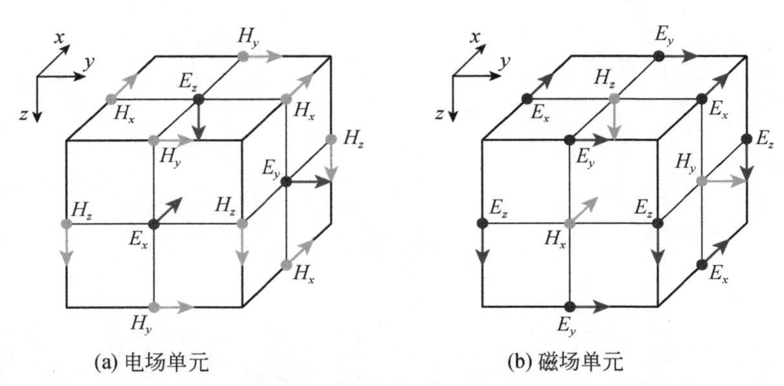

(a) 电场单元　　(b) 磁场单元

图 2.3　交错采样网格中电场单元和磁场单元采样位置示意图

2）模拟实例

设计一个低阻异常体模型，低阻异常体大小为 500m×500m×500m，顶部埋深为 200m，异常体电阻率为 1Ω · m，围岩电阻率为 100Ω · m。水平电偶源 AB 和 $A'B'$ 的长度均为 1000m，当电偶源为图 2.4（a）中的 AB，测线沿 x 方向布设时为赤道装置；当电偶源为图 2.4（a）中的 $A'B'$，测线沿 y 方向布设时为轴向装置。

地面上观测区域内（$-1500\text{m}<x<1500\text{m}$，$-1500\text{m}<y<1500\text{m}$）的电磁场正演异常场结果如图 2.5 所示。图 2.5 为频率是 100Hz 时在地面观测到的电场和磁场的理论（有限差分）异常场，在异常体处（如图 2.5 中黑框所示）电场的反演较为明显。

为了更直观了解低阻异常体的 CSAMT 三维响应特征，在异常体中心 x 轴两侧共截取 7 个视电阻率和相位切片，按离电偶源的距离由小到大排列，纵切剖面 y 坐标依次为 $y=1550$m、500m、225m、0m（过异常体中心剖面）、−225m、−500m、−1550m。图 2.6（a）、（b）分别为低阻异常体模型赤道装置和轴向装置（电偶源沿 y 轴方向布设）的视电阻率切片图。从图中可以看出，赤道装置和

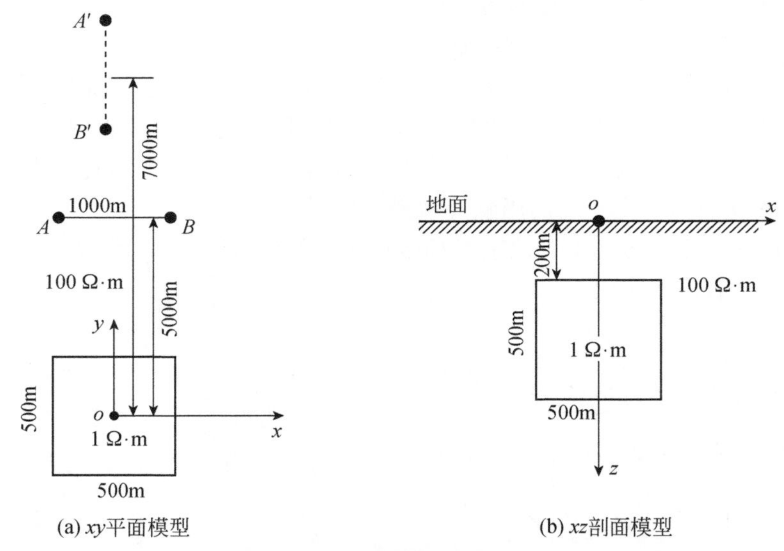

(a) xy平面模型

(b) xz剖面模型

图 2.4 低阻模型示意图

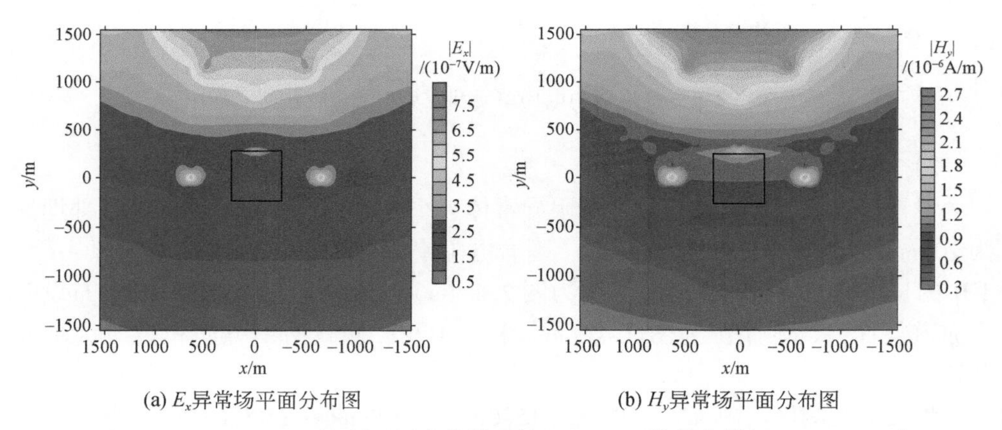

(a) E_x异常场平面分布图

(b) H_y异常场平面分布图

图 2.5 地面（$z=0$）上低阻异常体模型的 CSAMT 三维数值模拟（100Hz）时 E_x，H_y 异常场平面分布图

轴向装置均在主测线（$y=0$m）上对低阻异常体反映最明显。图 2.5 和图 2.6 表明，采用异常场的三维有限差分正演模拟，即使三维计算区域不是很大，仍可采用零值边界条件。此时，三维有限差分的正演模拟结果比较仿真，可以提供低阻异常体的可能位置和异常特征。从而有助于对异常体电性特征的认识，配合反演模拟，有可能在实际问题识别出更精细的异常体几何结构特征和物性结构特征。从观察的电磁场中分离出异常场来，并对异常体的位置特征、构造等地质信息进

行比较可靠的评估。

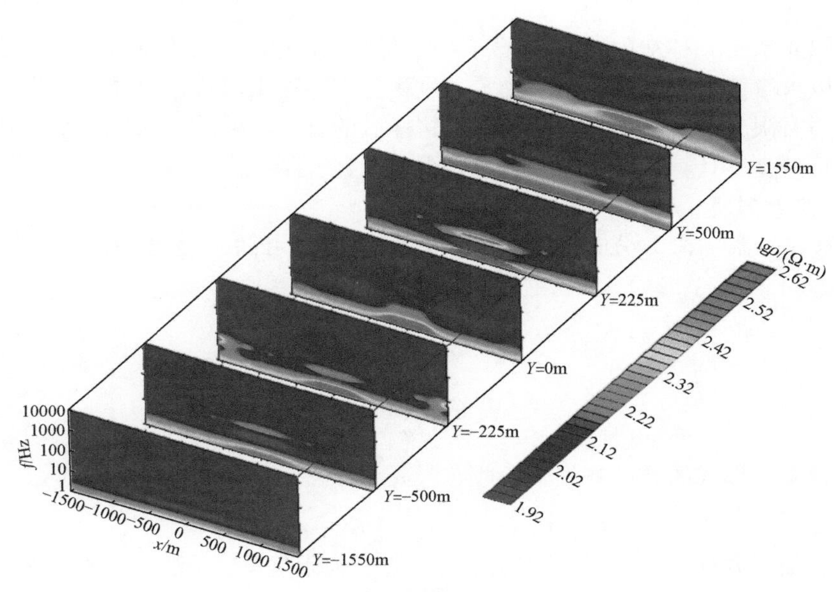

(a) 赤道装置

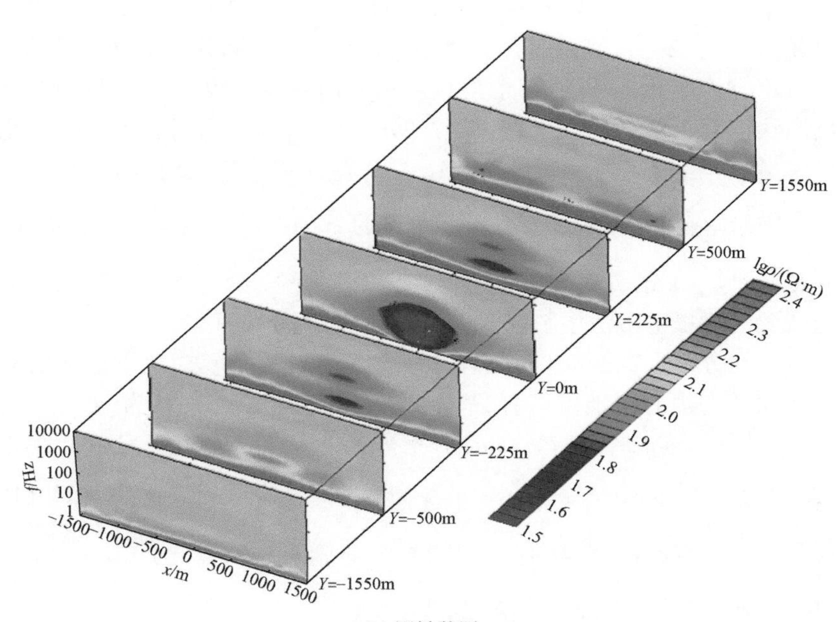

(b) 同轴装置

图 2.6　低阻异常体模型赤道装置、同轴装置视电阻率切片图

2. 电磁场有限元法数值模拟

有限元法是一种常用的数值正演模拟方法。使用有限元法将微分方程离散化后，可以求解微分方程的边值问题。通过积分方程法求出背景介质在边界上的场值，作为有限元法的第一类边界条件。这样做的好处是缩减了研究区域，从而使剖分数量减少，计算速度增加；若不减少单元数，则提高了分辨率。

1）基本方程

对于前面做有限差分时采用的微分形式的方程，即式（2.21）：

$$\nabla^2 \cdot \varphi - \mu\varepsilon \frac{\partial^2 \varphi}{\partial t^2} - \mu\varepsilon \frac{\partial \varphi}{\partial t} = \boldsymbol{J} \tag{2.25}$$

或

$$\frac{\partial^2 \varphi}{\partial t^2} - \frac{\sigma}{\varepsilon}\frac{\partial \varphi}{\partial t} - \frac{1}{\mu\varepsilon}\Delta \cdot \varphi^2 = \boldsymbol{F} \tag{2.26}$$

将该微分形式的波动方程转换成有限元方程

$$[\boldsymbol{M}]\{\ddot{\boldsymbol{q}}\} + [\boldsymbol{C}]\{\dot{\boldsymbol{q}}\} + [\boldsymbol{K}]\{\boldsymbol{q}\} = \{\boldsymbol{F}\} \tag{2.27}$$

在有限元方程中，$[\boldsymbol{M}]$ 为质量阵，$[\boldsymbol{C}]$ 为阻尼阵，$[\boldsymbol{K}]$ 为刚度阵（这些名词是借助地震波波动方程相应的有限元方程而来）。在式（2.27）中，q 表示剖分的某个单元某个角点 i 的 φ 值。对于二维问题，剖分的是一个个的矩形或者正方形单元，$i=1，2，3，4$，即有4个角点。对于三维问题，剖分的是一个个的长方体或者正方体单元，i 共有8个角点。单元内任意一点的 φ 值是由这些角点的 q_i 通过形状正数 N 插值而来。在式（2.27）中 $\{\boldsymbol{q}\}$ 表示所有集成的 q_i 组成的一个多元矢量，q_i 是未知的，$i=1，2，3，\cdots，i_{\max}$，$i_{\max}$ 表示集或者矢量角点数的最大值。$\dot{\boldsymbol{q}}$ 表示 $\frac{\partial q}{\partial t}$，$\{\dot{\boldsymbol{q}}\}$ 表示所有单元角点的 φ 的一次时间导数或者集成矢量。刚度阵 $[\boldsymbol{K}]$ 和 μ，ε 的分布有关，阻尼阵与 σ，ε 的分布有关。$\{\boldsymbol{F}\}$ 称为力项，地震中为波源，这里电磁法中与电源 $\boldsymbol{j}^e$ 和磁源 $\boldsymbol{j}^m$ 的分布有关。

对于有限元方程（2.27），若所有都考虑，代表时间域探地雷达波的有限元模拟，有时探地雷达的拟地震解释只考虑雷达波的吸收，则认为 $[\boldsymbol{C}]=0$。对于CSAMT法，则不考虑式（2.27）中的第一项，即认为 $[\boldsymbol{M}]=0$。若在频率域中进行，则式（2.27）中的 $\dot{\boldsymbol{q}}=w\boldsymbol{q}$，$\ddot{\boldsymbol{q}}=-w^2\boldsymbol{q}$。不过对于有限元，还是时间域比较方便。要使解稳定，时间间隔 Δt 和空间间隔必须满足稳定性条件 $\Delta t<\frac{\Delta x}{v}$，$v$ 是波速，在电磁中 v 是由 ε，μ 的大小决定的。

式（2.27）是总场的有限元方程，是由外加源 $\{\boldsymbol{F}\}$ 激发的，为了使这里的有限元正演模拟适应深埋长隧道等重大工程探测区的地质复杂条件的需要，一个有效的方法是将外加源 $\{\boldsymbol{F}\}$ 分布到不均匀体的边界上，即在不均匀体的边界上加等效的二次源。我们在“七五”、“八五”国家油气攻关做地震波有限元模拟时已做过这方面的研究，表明在得到可靠的、分辨率高的波异常场信号时非常有效。

2）双低阻体模型数值模拟

我们挑选一个如图 2.7 所示的模型做的有限元结果来说明这个问题。在 100Ω·m 的均匀半空间中有两个 10Ω·m 的低阻异常体，低阻异常体的尺寸、电阻率值与埋深如图 2.7 所示。两个异常体沿 y 轴展布，其中心与发射源的距离分别为 3750m 和 4950m。

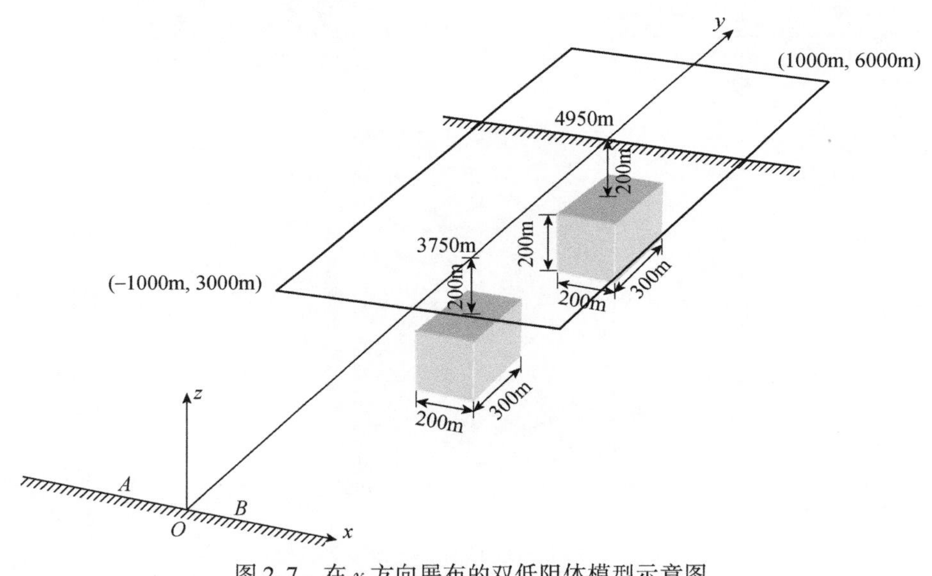

图 2.7　在 y 方向展布的双低阻体模型示意图

均匀半空间的电阻率值为 100Ω·m，低阻体的电阻率为 10Ω·m，两异常体相距 1200m，$AB=1000$m，$I=10$A，方框为测区和 RRI 反演区，给出了两个角点的坐标。

图 2.8 给出了 $f=128$Hz 时总场的有限元正演结果。从图中可以看出，当频率是 128Hz 时，电场在 $y=3700$m 左右和 $y=4800$m 左右出现两处异常，而磁场在 $y=3700$m未出现异常。究其原因，是因为在 $y=3700$m 左右的一次场相对 $y=4800$m 左右的一次场来说幅值较强，磁异常被较强的一次场所掩盖，所以看不出像 $y=4800$m 处较明显的异常形态。但视电阻率平面图上这两个异常的幅值大小基本一致，但位置仍然不准。这些结果表明自编的有限元软件已实现电场和磁场的正演模拟，特别是异常场的模拟可以通过资料处理，从视电阻率剖面图上可识

别出和异常体有关的异常场，程序是可靠的。

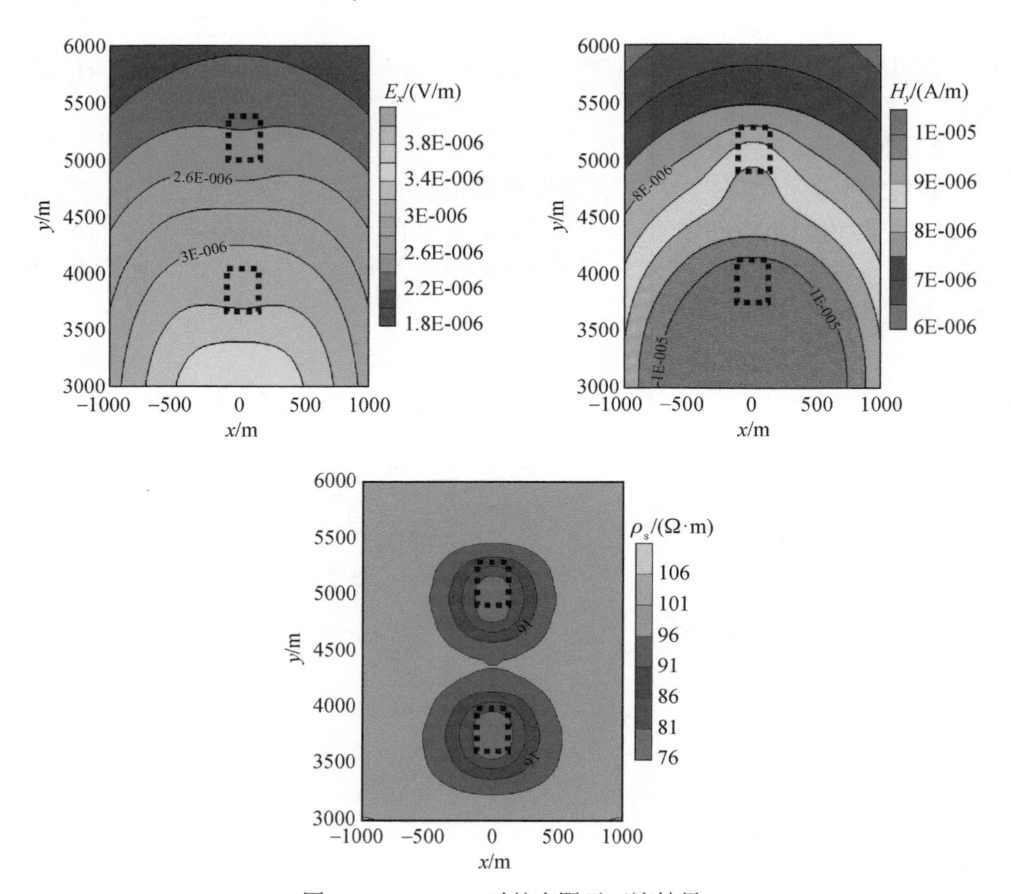

图 2.8　$f=128\text{Hz}$ 时的有限元正演结果

如上节所述，直接在异常体边界上加上一次源 AB 等效的二次源，则有限源正演模拟异常场的结果将更可靠地识别异常体的位置，并更可靠地分辨出异常体的特征。

3）滑坡薄弱带数值模拟

滑坡是工程地质中需要着重治理的一个重大地质灾害，电磁勘探方法可为治理滑坡提供地电信息。设计一个两层地层的等轴三维山脊地形模型，山脊高出地面 175m，跨度为 600m，在山脊一侧的翼部，有一条从地面向下延伸的断裂面，上部倾角为 50°，中部为 26°，下部为 0～5°，若断裂面充水，可能造成山体沿薄弱面滑动，引起滑坡。建立直角坐标系，以山脊地形的中心点在地平面上的映射点为原点，向下为 z 轴正方向。沿 $y=0$ 的山脊切片示意图如图 2.9 所示，图中紫色部分为滑坡薄弱带，将其电阻率设定为 100Ω · m。进行 CSAMT 法模拟时，假设电偶极源沿 x 轴布设，长度为 1000m，源中心位于 y 轴距山脊中心点水平距离 5000m 处，通过源逐次向地下供入电流 10A、供电频率为 $2^{-2}\sim2^{13}$ Hz 的 16 个频率。三维有限元模拟时在地形区域的剖分网格为 25m，非地形区域的剖分网格为 100m。

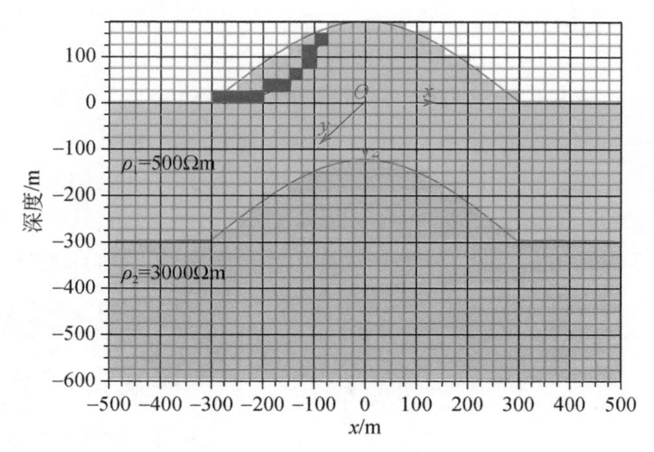

图 2.9　沿 $y=0$ 的山脊切片示意图

通过模拟，获得电磁场及视电阻率随频率变化的三维数据体，从中抽取与源偶极平行的三条剖面数据，做成切片图，按照离源由近及远的顺序排列，如图 2.10

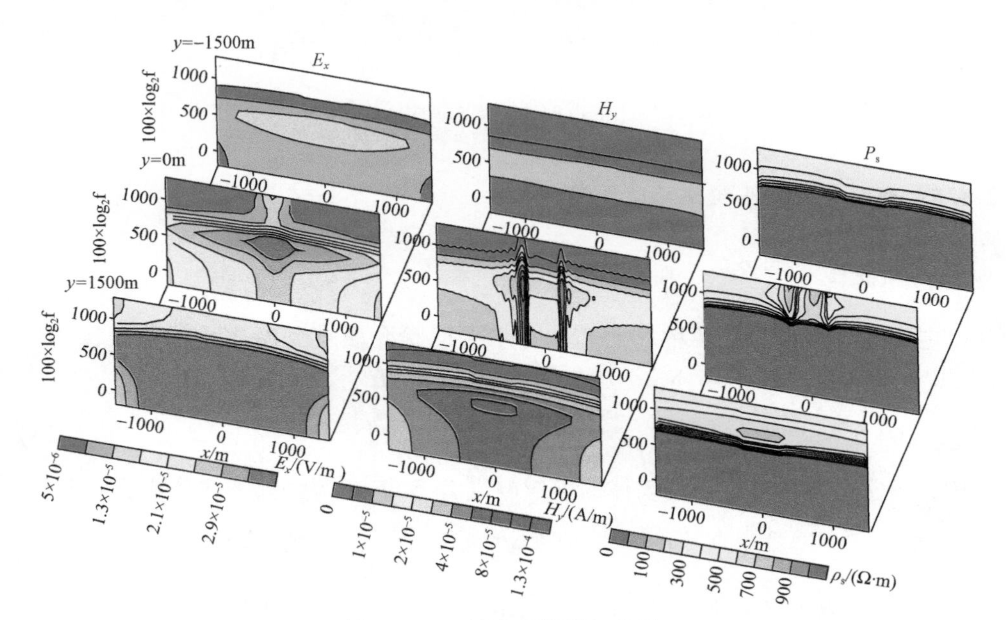

图 2.10　三维电场模拟切片图

所示，前面为离源较近的剖面（$y=1500$m）、位于源和山脊地形之间，中间为通过山脊的剖面（$y=0$m），后面为离源较远且已无山脊地形的剖面（$y=-1500$m）。从图中可以看出，无山脊地形时，电磁场和视电阻率均为层状介质模型的响应，有山脊地形时，山脊地形和薄弱面叠加后引起的异常响应明显。

图 2.10 中，地形引起的异常和薄弱面引起的异常叠加在一起，无法区分，因此，通过计算纯地形的电磁场并从复合异常响应中去除纯地形的响应，来考察滑坡薄弱面引起的纯异常，见图 2.11。图中（a）和（b）分别为滑坡薄弱面引起的电场和磁场异常。从图中可以看出，异常分布与滑坡薄弱面在地表的出露点吻合很好。总体来说，虽然滑坡薄弱面对电场和磁场的影响相对于一次场及地形异常来说比较微弱，以至于在视电阻率断面上没有显示，但其引起的电磁场纯异常比较清晰，有望通过进一步反演获得滑坡薄弱面在地下的真实分布情况。

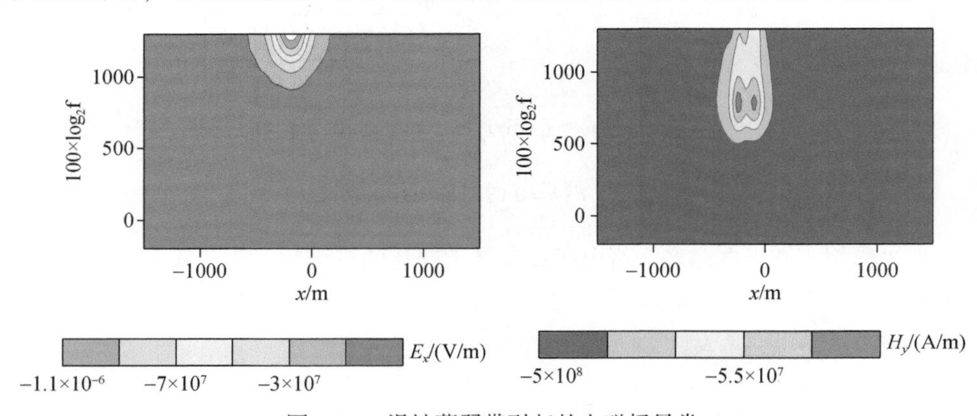

图 2.11　滑坡薄弱带引起的电磁场异常

2.1.5　有源电磁法三维高精度反演

1. 关键技术

电磁总场可认为是两种场的叠加：水平层状介质模型所产生的背景场$\{\boldsymbol{E}^{\mathrm{b}},\boldsymbol{H}^{\mathrm{b}}\}$以及由地层中不均匀体 $\Delta\sigma$ 产生的异常场$\{\boldsymbol{E}^{\mathrm{a}},\boldsymbol{H}^{\mathrm{a}}\}$。总场 $\boldsymbol{E}$，$\boldsymbol{H}$ 为

$$\begin{aligned}\boldsymbol{E}&=\boldsymbol{E}^{\mathrm{b}}+\boldsymbol{E}^{\mathrm{a}}\\ \boldsymbol{H}&=\boldsymbol{H}^{\mathrm{b}}+\boldsymbol{H}^{\mathrm{a}}\end{aligned}\tag{2.28}$$

其中，异常电磁场值与不均匀体的感应电流 $\boldsymbol{j}=\Delta\sigma\boldsymbol{E}$ 相关，如下述公式所示：

$$\begin{aligned}\boldsymbol{E}^{\mathrm{a}}(r_j)&=\iiint_D\hat{\boldsymbol{G}}_E(r_j\mid r)\cdot[\Delta\sigma(r)\boldsymbol{E}(\mathbf{r})]\mathrm{d}v=G_E[\Delta\sigma\boldsymbol{E}]\\ \boldsymbol{H}^{\mathrm{a}}(r_j)&=\iiint_D\hat{\boldsymbol{G}}_H(r_j\mid r)\cdot[\Delta\sigma(r)\boldsymbol{E}(\mathbf{r})]\mathrm{d}v=G_H[\Delta\sigma\boldsymbol{E}]\end{aligned}\tag{2.29}$$

式中，$\hat{\boldsymbol{G}}_E(r_j|r)$和$\hat{G}_H(r_j|r)$为电导率为$\boldsymbol{\sigma}_b$的水平层状介质的电场和磁场格林张量；$\boldsymbol{G}_E$和$\boldsymbol{G}_H$为格林算子；积分域$D$为异常电导率分布范围，$\sigma(r)=\sigma_b+\Delta\sigma(r)$，$r\in D$。

对于正演问题，记$\boldsymbol{d}=\boldsymbol{d}_{观测}-\boldsymbol{d}_{背景}$，方程可以简写为

$$\boldsymbol{d}=A(\Delta\sigma) \tag{2.30}$$

式中，A为正演算子；$\boldsymbol{d}$为观测得到的电磁场数据和背景电导率分布的理论电磁场（$\boldsymbol{E}$或$\boldsymbol{H}$）数据之差；$\Delta\sigma$为一个在目标区域的每个层内由异常电导率所构成的向量。反演方法基于 Tikhonov 正则化方法（Tikhonov and Arsenin，1977；Zhdanov，2015）：

$$P^{\alpha}(\Delta\sigma)=\|W_{\mathrm{d}}(A(\Delta\sigma)-d)\|_{L_2}^2+\alpha s(\Delta\sigma) \tag{2.31}$$

式中，W_{d}为数据权重；α为正则化参数；$s(\Delta\sigma)$为稳定因子。

稳定因子的选取有很多方式，针对本项研究所涉及的问题，我们采用了如下两类形式。

（1）最小范数稳定因子S_{MN}，其值等于当前模型$\Delta\sigma$和初始模型$\Delta\sigma_{\mathrm{apr}}$差值的$L_2$范数的平方。

$$S_{\mathrm{MN}}(\Delta\sigma)=\|W_{\mathrm{m}}(\Delta\sigma-\Delta\sigma_{\mathrm{apr}})\|_{L_2}^2 \tag{2.32}$$

式中，W_{m}为模型参数的权重。

（2）最小支持稳定因子S_{MS}，其值与当前模型$\Delta\sigma$和初始模型$\Delta\sigma_{\mathrm{apr}}$差异的非零值成正比。

$$S_{\mathrm{MS}}(\Delta\sigma)=\iiint_D\frac{(\Delta\sigma-\Delta\sigma_{\mathrm{apr}})^2}{(\Delta\sigma-\Delta\sigma_{\mathrm{apr}})^2+e^2}\mathrm{d}v \tag{2.33}$$

式中，e为聚焦因子。

在反演过程中，采用正则化共轭梯度法（RCG）进行计算求解：

$$\begin{aligned}
&\boldsymbol{r}_n=A(\Delta\sigma)-\boldsymbol{d}\\
&\boldsymbol{I}_n=\mathbf{I}(\Delta\sigma)=\mathrm{Re}\boldsymbol{F}_n\cdot W_{\mathrm{d}}\cdot W_{\mathrm{d}}\boldsymbol{r}_n+\alpha\boldsymbol{W}_{\mathrm{m}}\cdot W_{\mathrm{m}}(\Delta\sigma_n-\Delta\sigma_{\mathrm{apr}})\\
&\beta_n=\|\boldsymbol{I}_n\|^2/\|\boldsymbol{I}_{n-1}\|^2,\tilde{\boldsymbol{I}}_n=\boldsymbol{I}_n+\beta_n\tilde{\boldsymbol{I}}_{n-1},\tilde{\boldsymbol{I}}_0=\boldsymbol{I}_0\\
&k_n=(\tilde{\boldsymbol{I}}_n,\boldsymbol{I}_n)/\{\|\mathbf{W}_{\mathrm{d}}\boldsymbol{F}_n\tilde{\boldsymbol{I}}_n\|^2+\alpha\|\mathbf{W}_{\mathrm{m}}\tilde{\boldsymbol{I}}_n\|^2\}\\
&\Delta\sigma_{n+1}=\Delta\sigma_n-k_n\tilde{\boldsymbol{I}}_n
\end{aligned} \tag{2.34}$$

式中，$\boldsymbol{r}_n$为第n步迭代的残差；$\boldsymbol{I}_n$为梯度方向；$\boldsymbol{F}_n$为 Fréchet 导数矩阵；$\boldsymbol{W}_{\mathrm{d}}$为数据权重矩阵；$\alpha$为正则化因子；$\boldsymbol{W}_{\mathrm{m}}$为模型的权重；$\tilde{\boldsymbol{I}}_n$为共轭方向；$k_n$为迭代步长。

2. 典型模型正反演

为了分析复杂模型的电磁响应特征，进行了倾斜三维异常体的模拟。采用线

性发射源，发射 AB 长度为 2km，电流为 20A，频率分别为 0. 1Hz，1Hz，10Hz，100Hz，1000Hz。图 2. 12 为三维地质模型，背景为均匀大地，电阻率为 500Ω · m，低阻异常体电阻率为 50Ω · m。图 2. 9（a）为模型切面图，图 2. 9（b）为模型平面图，图 2. 9（c）为模型立体图。

图 2. 13 给出了不同发射频率时地表接收到的视电阻率等值线平面图，从图中可以看出，蓝色视电阻率等值线区域可以很好地反映出低阻异常体的存在，但是低阻区域随频率（深度）变化并不明显，对倾斜模型的反映不明显。为了从倾斜模型的正演数据中获得与原始模型基本一致的结果，我们进行了三维反演计算，结果如图 2. 14 所示。

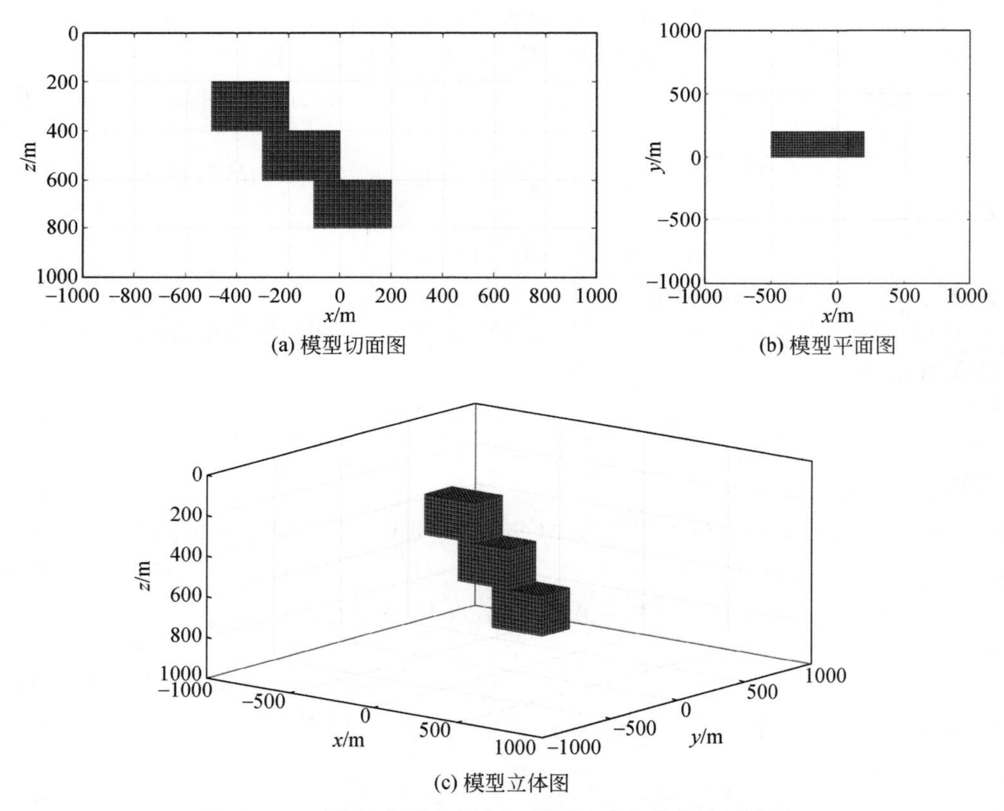

图 2. 12　三维均匀半空间存在倾斜不均匀体的地质模型

从反演结果可以看出，低阻倾斜异常体的形状及产状均非常明显，并且反演结果与原始模型比较吻合，这证明了对于比较简单的均匀半空间的倾斜提模型三维积分方程法反演是有效性的。

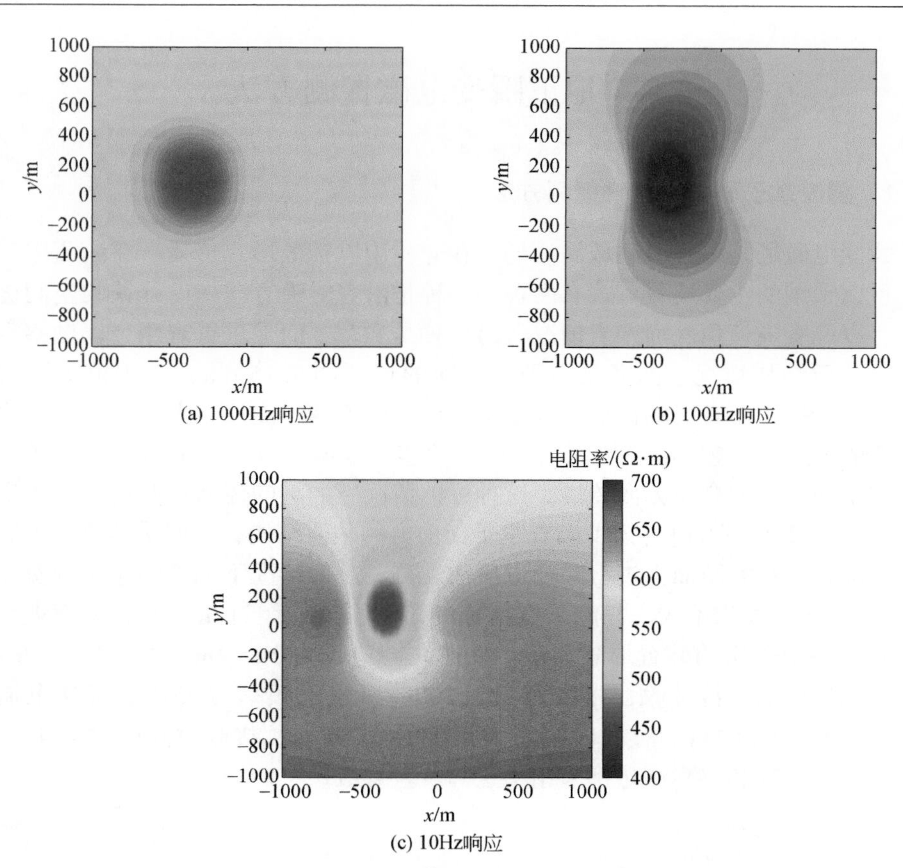

图 2.13 不同频率地表正演电阻率结果

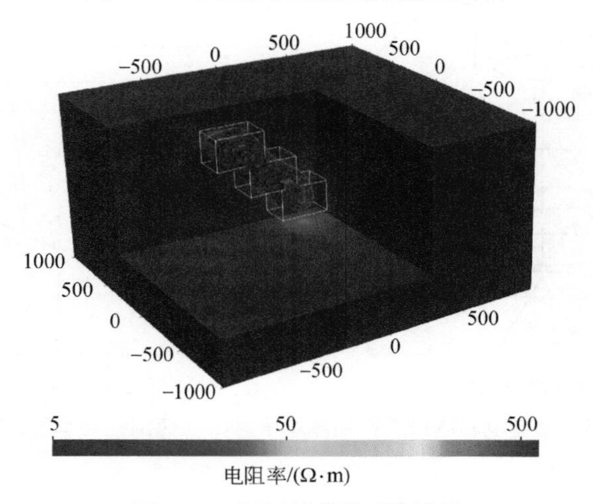

图 2.14 倾斜异常体反演结果

2.2　地下瞬变电磁探测方法

2.2.1　隧道掌子面瞬变电磁探测方法

瞬变电磁场是一种时间域涡流场，在介质中以扩散形式传播。在隧道中工作时，可以采纳的主要装置方式有两种，一种是沿着隧道方向在已开挖的空间进行观测，以调查隧道顶底面围岩情况，另一种是在掌子面上进行观测，以勘察掌子面前方地质结构情况。前者是一种全空间的场［图 2.15（a)］，涡流场同时向下、向上传播；后者场的传播比较复杂，但在隧道掌子面尺寸大于发送回线边长5倍情况下，可以忽略隧道侧面围岩产生的感应场的影响，近似认为涡流场只向隧道掌子面前方的介质方向传播。这种近似情况下的场的传播机制更接近于半空间的场［图 2.15（b)］。为了调查掌子面前方的地质结构，我们采纳第二种装置方式，即直接在掌子面上进行瞬变电磁法观测。一般情况下的隧道掌子面宽 10m 左右，高 9m，面积不大，只能采取特殊的装置形式。经过几年的实际摸索和经验积累，书中采用的装置形式如下：发送线圈边长为 2m×2m，匝数为 4～6 匝，采用特制磁探头进行接收，接收面积为 $200m^2$。发送频率为 25Hz，发送电流为 10A，供电电压为 24V，接收时间窗为 0.008～0.96ms，接收时间门数为 40。在后面的模型计算和实际测量都采用了这一装置参数。

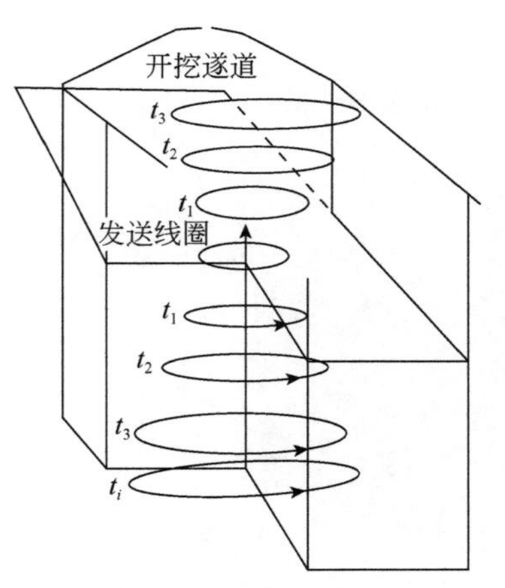

(a) 沿隧道观测瞬变电磁涡流场

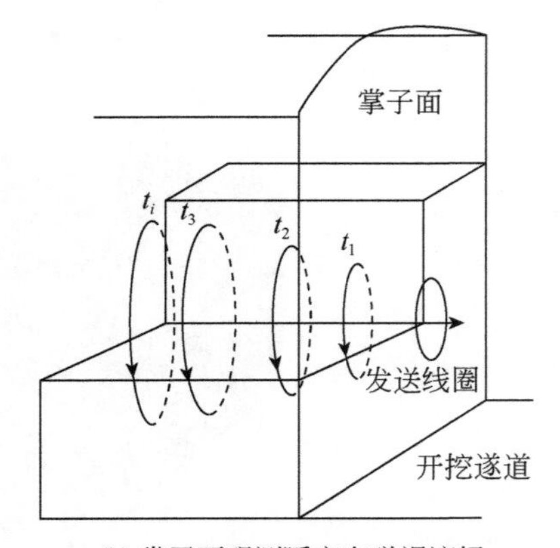

(b) 掌子面观测瞬变电磁涡流场

图 2.15　瞬变电磁隧道工作涡流场示意图（薛国强和李貅，2008）

2.2.2　地面-坑道瞬变电磁探测方法

传统地面回线源瞬变电磁法的工作装置图中应用较多的是中心回线装置，即在地面布设回线，在回线正中心点测量，由于这种装置异常简单，易于解释，得到了广泛的应用。但是，当在地面接收时，电磁场需要从异常位置传播到地面接收装置，才能被采集到。电磁场传播的时间和路程都比较长，并极易受到发射源和接收装置间不均匀体的影响。如果能在地下靠近异常目标体的位置进行接收，则电磁场传播的时间和路程相对较短，并且最大限度地避免了发、收之间不均匀体的影响，能够观测到最大异常值，大大提高了对目标体的探测能力。

传统的地井瞬变电磁法，就是在钻孔附近的地面上布置不接地线圈作为发射源，用接收探头在钻孔中沿钻孔方向逐点测量地下介质产生的感应二次场。在不接地回线中供以双极性脉冲电流，从而激发电磁场，在该电磁场的激励下，地下介质受感应而产生涡旋电流，当发射回线的脉冲电流从峰值跃变到零，激发场立即消失，而地下介质中的感应涡流并不立即消失，而是有一个衰减过程，这个过程的特征与地下电性结构有关。通过研究井中感应二次场在空间和时间上的变化特征，可以达到研究钻孔周围电性结构分布的目的，从而可以对井旁、井底附近的地质体进行高精度分辨，或推断已见矿体的空间分布与延伸方向。

把接地导线布置在地面，接地导线由三组接地导线构成，其中两组互相平行，同时与第三组垂直。在地面利用已有钻孔，在孔中沿钻孔方向逐点布置接收探头；所述接地导线的长度大致等于接地导线与巷道的距离并且大致等于目标层的埋藏深度。接地导线的长度为 800 ~ 1500m。长接地导线发射源的发射功率为 30kW。

当接收空间为煤矿巷道或者隧道这种大致水平情况时，常规的地井观测装备变成了如图 2.16 所示的形式。即在地面布设较大线圈、增强供电电流保证探测深度；井下沿巷道进行接收，接收线圈距目标体较近，接收信号强，可提高分辨率与探测精度，增强“旁视”能力。同时，改变地面发射线圈与巷道中接收线圈的相对位置，或者改变接收线圈的法方向，可用于多层采空区探测。

由于回线源的对称性使场有相互抵消作用，能量在地层中衰减较快，探测深度较浅，边长较大时不易敷设，回线源仅能产生切向电场分量，易于在低阻层中激发感应电流，对探测低阻层十分有利，但在探测高阻层时，回线源不是最好的装置形式。

把接地导线布置在地面，所述接地导线由三组接地导线构成，其中两组互相平行，同时与第三组垂直。在地面利用已有巷道，在巷道中沿巷道方向逐点布置接收探头；所述接地导线的长度大致等于接地导线与巷道的距离并且大致等于目

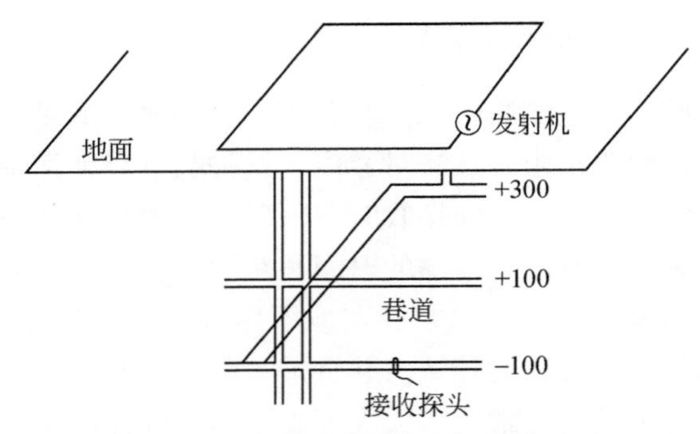

图 2.16　回线源地巷井瞬变电磁测量装置

标层的埋藏深度（图 2.17）。所述接地导线的长度为 800～1500m。所述长接地导线发射源的发射功率为 30kW。

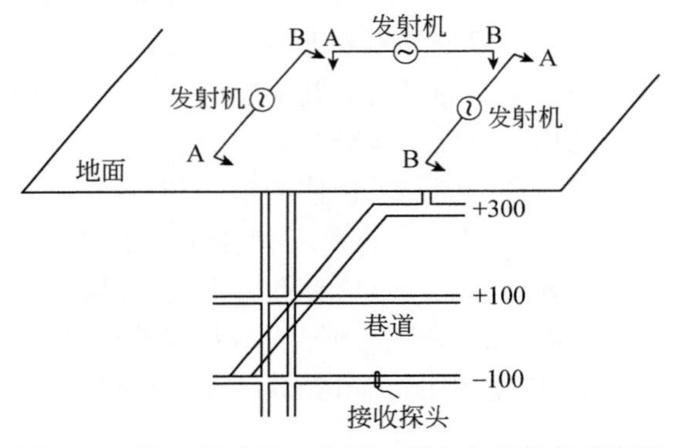

图 2.17　接地源地井（水平）瞬变电磁装备示意图

2.3　空中电磁探测方法

电磁法是通过观测由天然或人工场源激励下大地产生的电磁响应以获取大地系统的电磁传输函数，并以此为基础提取大地的电性参数分布信息（Nabighian，1988）。传统的电磁法观测装置均布设在地表上，对探测装备的约束性条件少，能够实现大探测深度与浅部高分辨的兼顾，然而工作效率较低，尤其在沙漠、戈壁、山地、湿地、水网密集区域难以快速开展工作。而空中电磁探测方法可以克服这方面的不足，空中电磁探测方法包括全航空探测方法和半航空探测方法。

2.3.1　航空探测方法

航空瞬变电磁法（Airborne Transient Electromagnetic Method，ATEM）是一种基于航空平台的瞬变电磁探测方法，通过搭载于航空平台的发射回线向地下发射一次场；在一次场激励下，大地内部产生涡旋电流；因电性介质的吸收作用，涡旋电流发生衰减一次场或者涡旋电流因电性介质存在异常体而激发二次场；通过观测二次场可达到探测地下地质结构的目的，工效较高，可有效克服地形地貌条件限制，可主要应用于地下 300 ~ 500m 矿产、地下水等资源的勘探。特别是中国中西部地区的大型地质工程建设，由于区域面积辽阔，且沙漠、沼泽、森林覆盖区众多，传统地面方法难以快速开展工作，有效的航空电磁探测装备与技术将发挥作用。

根据所采用的飞行平台，ATEM 系统一般可分为固定翼飞机航空瞬变电磁系统（Fixed- wing airborne TEM system，FTEM）与直升机航空瞬变电磁系统（Helicopter-borne TEM system，HTEM）两类。由于固定翼飞机载重能力强，发电系统供电功率大，于 20 世纪 70 年代后，逐渐成为 ATEM 系统的主要搭载平台。2000 年前后，随着国际航空物探市场环境的变化，基于直升机的 ATEM 方案（图 2.18）开始蓬勃发展。

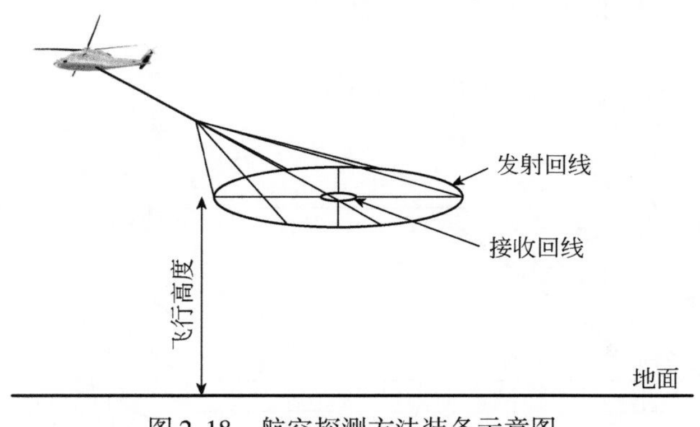

图 2.18　航空探测方法装备示意图

目前国际主流 HTEM 系统均已呈现出兼顾深浅部探测需求的多型号系列化特点。加拿大 GeoTech 公司的 VTEM 系统，最初倾向于大磁矩发射。2011 年，采用系统响应校正方法提升了现有型号的早期响应探测性能，从而将 VTEM 系统升级为“full wave”系统；2016 年后又进一步开发了 VTEM ET 系统，将关断时间由 1.3ms 提升为 500μs，采样率由 192kHz 提升为 864kHz，并可以根据具体需求调整发射电流脉冲宽度与幅度，从而进一步增强了对浅部的探测能力。

2.3.2　地空探测方法

地空电磁法是在传统地面电磁法基础上发展起来的一种半航空电磁方法，是快速推进深部矿与隐伏矿探测工作的重要技术手段。地空电磁法将发射装置布设于地面，并采用飞行平台搭载传感器与接收机开展飞行探测（图 2.19）。相比地面方法，地空方法采用飞行探测大幅提升了工作效率；相比将全部探测装置完全搭载于飞行平台上的全航空电磁法，地空方法的发射装置功率与重量不受飞行平台供电与搭载性能限制，从而能够实现更大的探测深度。此外，由于地空方法可与地面方法通用一部分硬件系统，使其在应用、保有、维护等方面成本更低，从而适合我国及广大发展中国家国情。近年来，地空电磁法日益受到更多关注，成为资源勘探增储的重要技术支撑。

目前，大多数地空电磁法选择在远源区开展观测，较大的收发偏移距既可保证源场传播方向近于垂直向下，并满足平面波假设，又可规避复杂的场源效应，从而降低系统设计与处理解释的复杂度。然而，在获得上述有利因素的同时，其响应信号的幅度与带宽也会随收发偏移距的增大分别以至少 3 次方（对不同收发相对位置及不同场分量会有所不同）及 2 次方下降，反过来限制了系统的最大可探测深度与探测分辨能力。相比远源区，中近源区中源信号的能量更强、带宽更大，有助于实现对大地的大深度高分辨探测。

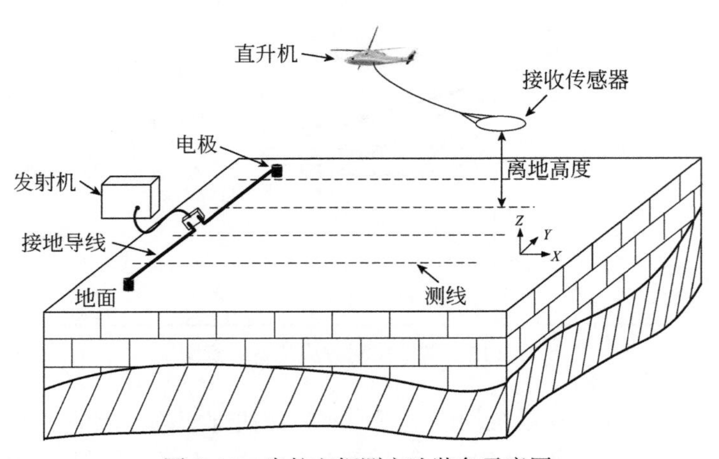

图 2.19　半航空探测方法装备示意图

第3章　高性能电磁装备核心技术介绍

20世纪初期，国内外开始研究电磁感应方法技术和仪器装备，并将其应用于矿产资源探测中。由于当时很多国家工业化发展迅猛，对矿产资源的需求越来越多，因此，电磁法和电磁探测仪器装备也得到了飞速发展。经过大半个世纪的发展和进步，如今，电磁探测仪器的应用领域已扩展至工程致灾构造定位、深部地质结构成像和油气采动过程监测等重大地质工程应用领域中。电磁探测仪器按探测工作场地可划分为地面电磁探测仪器、航空电磁探测仪器、地空电磁探测仪器、井中电磁探测仪器和海洋电磁探测仪器等。按被测场的来源划分为天然场源（被动源）电磁探测仪器和人工场源（主动源）电磁探测仪器。按场源性质和数据处理因子可划分为TEM电磁探测仪器和频率域电磁（Frequency-domain Electromagnetic，FEM）仪器。TEM通过对人工源间断供入脉冲电流激发大地产生涡流，并观测电磁场建立和衰减过程随时间的变化规律。不同于TEM，FEM既可以利用天然源又可以利用连续激发的人工源来激励大地，观测似稳态响应电磁场的空间分布随频率的变化规律。本章将针对不同场地不同场源瞬变电磁探测仪器和频率域电磁探测仪器的国内外发展历程和演变趋势展开详细介绍。

3.1　国外电磁装备介绍

国外电磁探测仪器起步早，且受国外工业化进程的催化，在过去大半个世纪中获得了飞速发展，形成了一系列被国际同行广泛应用的商业化仪器产品。

20世纪50～60年代，苏联科学家通过一维正、反演研究，建立了瞬变电磁法的解释理论和野外工作方法，标志着瞬变电磁探测仪器开始步入实用阶段。1953年，Newmont勘探公司申请了第一项瞬变电磁法专利，1962年Mclaughlin和Dolan成功研发出EMP-1型瞬变电磁仪。该仪器采用大线圈做发射源，利用90组12V的电池供电，产生100ms脉宽700A电流的发射脉冲。接收线圈有效面积约为20000m^2，采样时间点从发射脉冲关断后50ms开始。1964年，该系统在Cyprus成功开展野外试验，此后，Mclaughlin分别对小尺寸、低功率系统进行了野外测试。20世纪70年代，计算机技术和新兴电子元器件的发展促进TEM仪器装备激增，数据采集与处理技术不断革新。此间，研发了多种TEM仪器，包括Crone研发的偶极系统PEM、Monex Geosope公司研制的SIROTEM-I和Lamontagne

公司推出的 UTEM-1 系统等。20 世纪 80 年代开始，加拿大 Geonics 公司迅速崛起，先后研发出近 20 种 TEM 系统，包括 PROTEM 系列 37、47、57、67 系统和适用于矿井探测的防爆系统 PROTEM CMX 系统等。Geonics 研发的系统适用于各种不同勘探目的和应用领域，在世界上享有很高的声誉。目前市面在售的上述几种仪器系统占据着很大的国际市场份额。90 年代初期，英国学者以 SIROTEM 系统为基础研究了多通道 TEM 系统（Multi-channel TEM，MTEM），利用多通道扩展偏移范围，允许在更近的偏移距接收数据，具有更大的动态范围和观测范围（Wright et al.，2001）。因此，MTEM 系统具有前所未有的高空间覆盖率。此后，该系统几经更新换代，至 2016 年衍生出 Terra TEM 系统，性能优越、操作简便，深受国际市场青睐。目前，仍活跃在国际市场上的主流 TEM 系统如图 3.1 所示。此外，国际上还流行着一批 TEM 和 FEM 融合的多功能电法仪，本书将在本节 FEM 系统介绍时详细描述，此处暂不赘述。

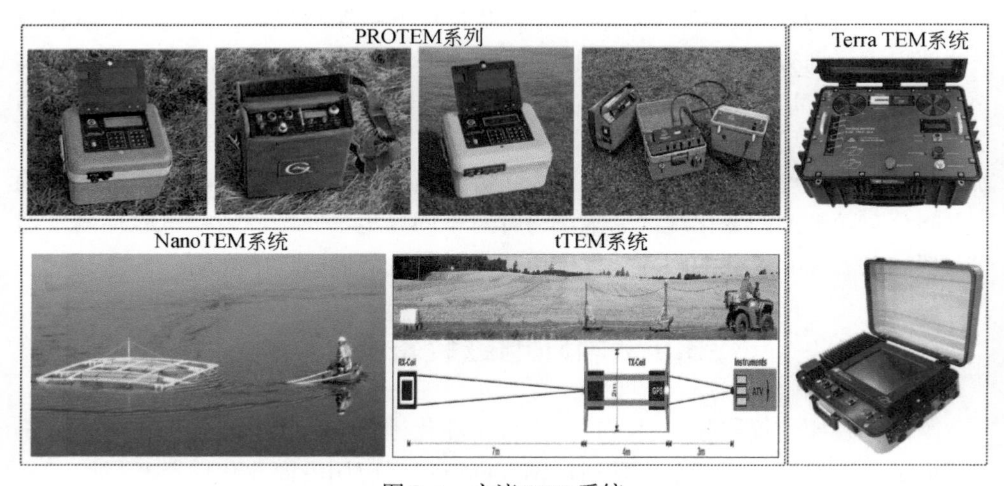

图 3.1　主流 TEM 系统

上述系统大多针对深部重大工程地质调查需求设计，系统具有较大发射电流，响应电磁信号的采样开始时间点相对较迟，探测深度较大。然而，随着社会经济和电子技术的不断发展，地下浅部环境污染检测、市政工程探测、滑坡泥石流等灾害监测等近地表探测需求不断升级，大深度探测系统通常不能满足浅部近地表探测需求。因此，一系列面向近地表探测需求的 TEM 系统得到研发和应用。20 世纪 90 年代初期，美国地质调查局（USGS）基于高频探测仪原理样机 HFS 研发了 VETEM（Very Early Time TEM）系统（Wright et al.，1996）。为了获得地下尽量浅层的信息，发射电流关断后必须在没有振铃（电子设备或电线本身的振荡）的情况下迅速衰减归零。因此，VETEM 系统在一定程度上减小发射电流，同时利用先进的电子技术大大缩短了系统发射电流关断时间。21 世纪初，美国 Zong 公司推出了 NanoTEM 系统。该系统具备快速关断和高速的模数转换能力：发射电流关断时间约为 1.5μs，接收机在发射电流关闭后的约 1.5μs 至约 3ms 之间完成 31 个时间道的数据采集。因此，系统能够分辨地下 2m 以下深度的电阻率异常，且对电阻率高于 20000Ω · m 的高阻异常目标具有较高灵敏度。俄罗斯 TEM-FAST 系统采用单一的方形或矩形线圈做发射接收线圈（也称单环发射接收结构模式）实现地下浅部测量。近年来，三维电磁正反演技术突破促进了高精度三维 TEM 系统的发展。丹麦 Aurhus 大学 Auken 团队研发的 tTEM（Towed Transient Electromagnetic）系统是一种新型拖曳式瞬变电磁探测工具（Auken et al., 2019），能够实现快速、高效、高分辨率的地下水文地质成像和密集分布的三维电阻率剖面。tTEM 系统具有较高的分辨率，其垂直方向分辨率为 2 ~ 3m，水平分辨率低至 10m×10m，目前已在丹麦、美国和瑞典等国家取得成功应用。

此外，为了解决复杂地形区或人员难进入区的探测问题，衍生了一批航空和地空 TEM 系统。航空 TEM 利用固定翼或直升机等飞行平台搭载发射、接收系统激发并接收电磁信号，探测效率高、复杂地形适应性强。21 世纪以来，直升机航空 TEM（Helicopter Transient Electromagnetic，HTEM）系统获得空前发展（Legault, 2015）：加拿大 CGG（原 Fugro）先后研发出 MEGATEM Ⅱ、HeliGEOTEM 和 HeliTEM 三套 HTEM 系统，丹麦 skyTEM Surveys 公司推出 skyTEM，加拿大 Geotech 研制出 VTEM。此类系统探测深度可达 500 ~ 800m，被广泛应用于矿产资源普查、工程地质勘探和地下水资源监测等领域中。地空 TEM 系统在地面布置发射源，并在空中观测响应磁场，系统结构简便、成本低，可替代航空 TEM 系统用于小型地形复杂区探测。90 年代开始，国外相继出现了几种地空 TEM 系统（Elliott，1998），包括澳大利亚 FLAIRTEM 系统、加拿大 TerraAir 系统和日本 GREATEM 系统。FLAIRTEM 和 TerraAir 系统采用大回线作发射，系统探测深度不超过 300m。GREATEM 采用接地导线作发射源，提高探测深度和效率。1998 年首次提出以来，该系统不断提升，仪器装备和数据处理技术均得到长足发展。2010 年开始用于火山区和海岸带地电结构探测，在日本东北部 Bandai 火山区地电结构调查中探测深度达到 800m。

20 世纪 50 年代，苏联学者 Tikhonov 和法国学者 Cagniard 提出天然源大地电磁法（Magnetotelluric，MT），在地球深部构造探测、天然地震预测等领域发挥重要作用。低频（几万秒至 0.1Hz）MT 系统又被称为长周期 MT，主要应用于地壳深层结构信息探测。高频（10 ~ 10^4 Hz）MT 系统也称音频 MT（Audio-frequency Magnetotelluric，AMT），主要用于矿产资源和中浅部地质构造调查中。为了解决 MT 系统信号微弱、人文干扰复杂区信噪比极低、发射源随机性强的固有缺点，加拿大 D. W. Strangway 和他的学生 Myron Goldstein 于 20 世纪 70 年代初提出 CSAMT，以提高接收信号信噪比，获取更好的勘探结果（Goldstein and Strangway，1975）。早期的 CSAMT 法测量出现在混场源（也称 EH4）系统中，后来因为仪器装备笨重、功耗大、通信距离近，EH4 系统未实现大规模分布式测量。随着 FEM 理论发展和技术进步，国外科研人员经过近 40 年的研发与试验，终于在探测仪器装备研制领域取得重大突破。涌现出一大批先进的仪器装备生产企业，目前已开发出多种性能的商业化产品。本书将按主流物探公司产品发展进程，详细介绍国外 FEM 仪器的发展现状和趋势。

Narod 研发的 NIMS（Narod Intelligent Magnetotelluric System）是国际上使用较多的长周期 MT 仪器。其频带宽度为直流至 2s，磁场测量噪声小于 1PT rms@ 1Hz，动态范围为±70000nT，温度漂移小于 10×10^{-6}/℃，采样率可设置为 1Hz 或 1/8Hz。国际上，另外一种知名度较高的长周期 MT 系统是乌克兰研发的 LEMI 系统（Long Period Intelligent Magnetotelluric System），该系统使用超低频三分量磁传感器，稳定度可以达到 1nT/月，采样率为 0.2Hz，系统频带为 $3\times10^{-5}\sim1\times10^{-1}$Hz，最深可以获取上百千米的地下电性信息。中国、美国和加拿大科学家使用 LEMI 系统与常规的大地电磁观测系统配合，在青藏高原地区进行了勘测，获取了重要的壳幔结构信息，取得的成果已经在 *Science* 杂志上得到发表，该研究成果引起了世界范围的地球物理学界的关注。

代表性的国外多功能电磁法仪器生产企业包括：加拿大 Pheonix、美国 Zonge 和 KMS、德国 Metronix 公司等。这些公司不单研发 MT 或 CSAMT 等单一功能的电磁法仪器，还把直流电法仪、TEM 和 FEM 系统组合成多功能电磁法仪器（部分系统实物如图 3.2 所示）。Pheonix 公司的多功能电法仪享誉世界，在发射机、接收机和传感器领域全面开花，在国际上占据极大的市场份额。发射机包括：多功能 T-200、T-3、TXU-30 和只适用于 TEM 的 T-4。接收机包括：只具备 MT 和 AMT 测量功能的 MTU-A 系列和多功能电法仪 V 系列。其中，V 系列历经 40 年的发展历史，目前最新产品 V8 通频带为 DC ~ 10kHz，与之匹配的辅助采集站 RXU 可为测量提供参考。磁场传感器包括：适用于 CSAMT 法的 AMTC-30，适用于 MT 测量的 MTU-50H 和 MTU-80H，以及适用于 TEM 的 TEM-AL，电场传感器主要是 PE5 不极化电极。Zonge 的代表性系统包括：GDP 和 ZEN 两个系列。GDP 系列最新产品 GDP 32Ⅱ 选用 24bit ADC，可测最小信号约为 30nV。ZEN 系列则增加了无线组网功能，便于开展分布式测量。Metronix 推出的 ADU 系列从 1976 年开始至今已有 40 多年的发展历史，最新的 ADU-8e 通频带为万秒 ~ 10kHz，低频 AD 高达 32 位、动态范围约为 130dB。近年的新兴仪器产品包括：加拿大 Geode EM3D 和美国 CG 公司的 Aether 等。Geode EM3D 可实现 2D 或 3D 全张量 AMT 和

CSAMT 法测量。Aether 低频段选用 32bit ADC，系统噪声优于 $5\text{nV}/\sqrt{\text{Hz}}$。

图 3.2　主流多功能电磁法仪器

航空频率域系统利用发射线圈实现移动非接触式测量，20 世纪 50 年代，加拿大学者研制了首套航空 FEM（AFEM）系统 Stanmac-McPhar，并成功试飞。CGG 公司推出直升机 AFEM 系统，DIGHEM Ⅱ 系统带宽为 900Hz ~ 56kHz，可实现双频探测，主要用于探测地下浅部（<120m）目标。另一套系统 RESOLVE 包含五对水平共面和一对直立共轴线圈，通频带更宽、探测深度范围更广。受发射磁矩限制，AFEM 系统探测深度普遍较浅，王卫平、朱凯光等也曾明确指出 AFEM 探测深度很难突破 200m（王卫平和王守坦，2003；朱凯光等，2008）。地空 FEM 系统采用地面源，有望获得更大的探测深度。20 世纪 90 年代，加拿大学者曾提出 TURAIR 系统，并成功应用于安大略湖北部的金属硫化物探测中，深度可达 200m 以上（Bosschart and Seigel，1972）。2017 年，由德国 BGR 研究所主导研发的地空 FEM，通频带在 1Hz ~ 10kHz，已成功应用于金属矿探测中，探测深度可达 1km 左右（Nittinger et al.，2017）。

综上所述，在传感器技术、电子技术、计算机技术和通信技术高速发展的带动下，国外电磁探测设备研制已经取得巨大成果，开发了多种性能先进、稳定可靠的商业化产品，应用这些产品能够实现不同场地的地下大深度范围内电性结构探测。目前，仪器向着高精度、全深度、宽频带、大动态范围、多功能化、网络智能化和三维观测方向发展。

3.2　国内电磁装备介绍

与国外电法勘探仪器相比，早期国内研制的仪器功能相对单一，主要用于中浅层探测，深部探测仪器系统几乎全部依赖进口。随着我国探测需求日益迫切，自主研发能进行地下深部探测的地球物理仪器设备引起了国家层面的重视。随着研究的进一步深入，我国电磁法仪器研发正在迈上一个新台阶，逐步缩小与国外电磁法仪器的差距。

我国从 70 年代初开始研制 TEM 系统，历经 40 多年发展，至今已基本实现了 TEM 仪器装备的国产化（部分国产 TEM 系统如图 3.3 所示）。国内有多家单位从事瞬变电磁系统的开发和研制，不同单位和企业采用的设计思路不同。其中一部分单位采用发射大电流、单脉冲的设计思路。据此，由北京矿产地质研究所和中国有色金属工业总公司共同研制的 TEMS-3S 仪器于 1996 年公开问世（王庆乙，1996）。TEMS-3S 系统最高采样率 30μs，采用实时浮点放大技术。动态范围大于 120dB，通过 486/586 笔记本微机控制。另外一部分单位和企业选用连续波发射，并研发一批性能优越的可用产品。20 世纪 80 年代，长沙智通新技术研究所研制了 SD-1 型 TEM 系统，中国地质科学院地球物理地球化学勘查研究所研制了 WDC-2 型 TEM 系统。其中，SD-1 系统的工作电压为 12～48V，最大发射电流 8A，选用 16 位 AD。之后，该系统经中南工业大学改进优化，又推出了 SD-2 型仪器系统。WDC-2 系统的工作电压 12～96V，最大发射电流 20A，选用 16 位 AD，采样窗口最窄为 100μs。

MSD-1系统

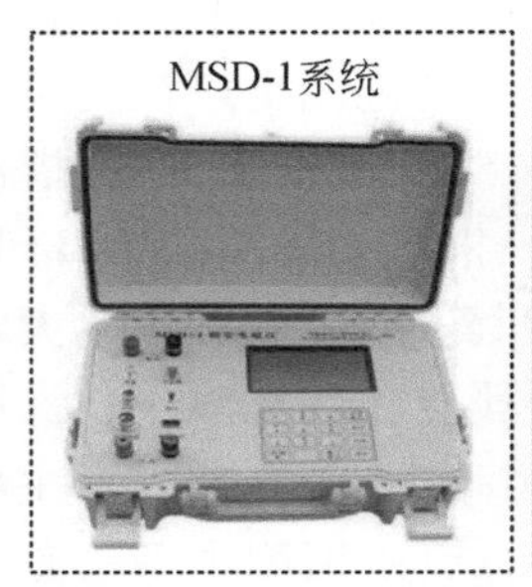

WTEM系统

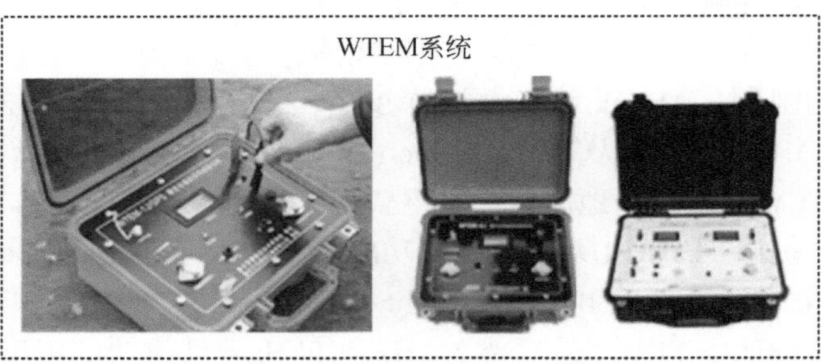

TEMS-3S系统

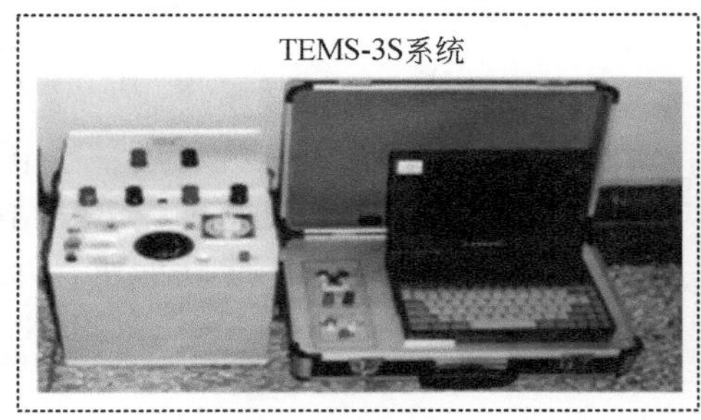

CUGTEM-8系统

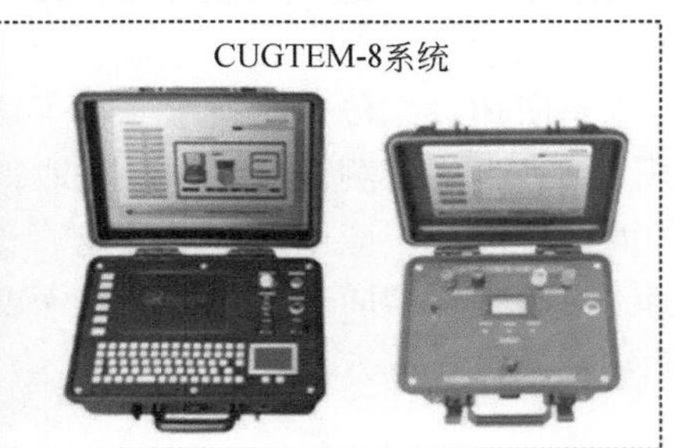

图 3.3　国内主流瞬变电磁仪

2000 年，吉林大学仪器科学与电气工程学院研制了 ATEM-2 系统，该系统采样频率最快为 5μs（可选），动态范围达 156dB，叠加次数在 1 ~ 9999 次范围内可选，带宽为 DC ~ 13kHz（王远，2010）。2004 年，作为一种综合性能比较好的 TEM 系统，ATEM-2 型系统转让给重庆仪器厂批量生产。此后，国内涌现出一批 TEM 仪器生产企业，并通过技术突破，形成了一批性能优越的 TEM 仪器装备产品。逐渐实现了国内 TEM 仪器装备国产化。长沙白云仪器开发有限公司推出 MSD-1 和 BYF5MSD1 系统、西安强源物探研究所研制了 EMRS-3 系统、煤炭科学研究总院西安研究院研发的 FDK-1 多功能电法仪、重庆奔腾数控技术研究所推出 WTEM 系列系统和 WTEM-Q/GPS 系列系统、中国地质科学院地球物理地球化学勘查研究所推出 IGGETEM-20、长沙白云仪器开发有限公司生产的 BYF5MSD1 系统、中国地质大学（武汉）研发的 CUGTEM-8 系统和 CUGTEM-GK1 系统等。上述仪器与国外仪器性能接近且具有明显的价格优势，这部分国产电法勘探仪器在国内地质勘探市场中得到应用。但由于上述方法和仪器的探测深度较小，大多在 500m 以内，适合于解决重大工程和环境领域的中浅层探测问题。

多通道瞬变电磁方法（MTEM）因其对高阻薄层的较强分辨能力，高效的施工方式，以及地震的数据采集和解释方式而日益受到关注。自 Ziolkowski 等于 2007 年开始提出 MTEM 的概念以来，MTEM 已由陆地走向浅海，接收站由传统的 TEM 接收方式发展为专用多通道接收机接收和海洋电缆接收，发射波形从最初的方波改进为伪随机码。其主要工作特点为：发射电极对与接收电极对位于同一条测线上，采取一发多收的观测系统。这种装置模式与地震勘探数据观测方式比较相近，数据处理方法也与地震勘探基本相似，即通过共偏移剖面图推测地下某一深度目标体的地电信息。中国科学院地质与地球物理研究所在中科院重大科研装备研制项目支撑下，研制了自主知识产权的 MTEM 系统（底青云等，2016）。多该系统采用电偶极源进行伪随机信号发射，采用电偶极子阵列来记录大地电磁响应，发射源位置和接收电偶极子之间的偏移距一般为 2 ~ 4 倍目标体深度。整个系统沿测线移动，直至完成整条测线测量。对于复杂地质构造、地形起伏等情况，利用该系统实现了三维数据观测方案。系统最大发射电流 50A，最高发射电压 1000V，可编码位数范围为 1 ~ 4095，伪随机码发射信号源基准频率低于 10kHz；动态范围 160dB，时间同步精度 5μs，采样率 64kHz，最多可同时测量 1000 道。这种方案可实现从地表浅部（500m）向地下深部（2000m）的探测，实现从二维断面向三维立体的勘查。

国内航空 TEM 系统研制起步略晚于国外，最早的航空 TEM 系统研制历史起步于 20 世纪 70 年代（殷长春等，2015）。原长春地质学院研制了脉冲式航电仪，并在黑龙江省和湖北省地质局地球物理勘探大队应用于生产飞行。1976 年北京地质仪器厂开展直升机时间域航电系统研制。1974 ~ 1980 年，桂林冶金地质研究所（现为中国有色桂林矿产地质研究院）开展直升机时间域系统研制。1981～1983 年，原长春地质学院在对 M-1 系统改进基础上研制 M-2 型固定翼时间域系统，后来由于缺少经费不得不中途停止。进入 21 世纪，随着国家经济高速发展和对能源和矿产资源的需求激增，地质行业迎来春天。航空地球物理电磁勘查技术和仪器系统研发再度受到相关部门的高度重视。

目前，国内自主研发的航空 TEM 系统主要包括：中国地质调查局自然资源航空物探遥感中心研发的 CHTEM 系统，中国科学院电子学研究所和地质与地球物理研究所联合研制的 CAS-HTEM 系统。CHTEM 系统采用中心回线装置，发射线圈半径 6m，5 匝，发射双极性梯形波，下降沿（关断过程）1.2ms，占空比约 1∶4.4，最大发射电流 450A（典型值 400A），峰值磁矩约 260 万 Am^2。经过进一步升级，CHTEM 系统的最大发射电流被提升到 500A，下降沿被控制在 1ms 以内（于生宝等，2017）。目前，CHTEM 系统已累计飞行近万测线千米，发现多处高品位矿化点。但由于其发射磁矩（主要受限于发射回线面积）仍相对有限，CHTEM 系统尚未在我国矿产资源勘查中发挥更大的作用。中国科学院电子学研究所自 2013 年以来，在国家重大科研装备研制项目——“深部资源探测核心装备研发”支持下，联合吉林大学、厦门大学等单位，研制出我国首套实用化软支架大磁矩直升机电磁探测系统 CAS-HTEM（武欣等，2019）。系统全重 550kg，峰值发射磁矩接近 700 万 Am^2，峰值电流 300A，关断时间 450μs，感应式磁传感器的噪声水平达 0.1nT/s。该系统性能指标达到国际先进水平，最大探测深度超过 600m，目前已为多家单位提供飞行勘探服务，累计完成飞行逾 3000 测线千米，获得良好的探测效果。

时域地空电磁探测系统具有高效、低成本、勘探深度大和空间分辨率高等优点，为草原沙漠地区、海陆交互地带、沼泽地带、无人山区等特殊景观地区开展矿产资源、水资源、地质灾害等电磁探测提供了新方法和新思路。2009 年，吉林大学开始开展时间域地空电磁探测方法与系统研究（嵇艳鞠等，2009）。该系统采用 32 位 Cortex M3 内核处理器，以全差分模拟前端压制电磁干扰，实现了 24 位低噪声多通道海量电磁数据的同步采样及存储，成功研制了时域电磁接收系统，并基于 Wifi Mesh 无线多跳网络实现了地面远程监控。研制的地空电磁接收系统使用无人飞艇或旋翼无人机搭载，在江苏省南通市如东县、内蒙古巴彦宝力格地区、山西吕梁矿区进行了电磁探测实验，地空电磁勘探结果与地面瞬变电磁和大地电磁方法进行了对比，证明了地空电磁探测方法与系统的有效性。此外，成都理工大学王绪本、任家富教授团队对时间域地空电磁法的一维正反演计算和仪器系统进行了研究；长安大学李貅教授团队对时间域地空电磁法的合成孔径成像方法进行了研究，地空电磁法成为国内电磁勘探领域的研究新热点。

我国于 20 世纪 60 年代中期开始研制具有大探测深度的频率域电磁法仪器（部分仪器如图 3.4 所示），中国科学院兰州地质与地球物理研究所研制了光电负反馈式磁力仪，与匈牙利产的大地电流仪共同组成大地电磁观测站，获得了我国最早的大地电磁数据。1970 年，国家地震局地质研究所试制成功了感应式晶体管线路的模拟大地电磁仪，并在此基础上发展成 LH-I 型模拟记录大地电磁测深仪，该仪器在 70 年代中期到 80 年代初期被广泛应用。80 年代，长春地质学院仪器系研制了 GEM-I 型宽频带数字大地电磁测深仪，90 年代初又研制了 GEM-II 型滩海阵列大地电磁仪，并在辽东湾深部地质构造研究中得到了应用。90 年代后期，中国地质科学院地球物理地球化学勘查研究所研制了阵列式被动源电磁法系统（林品荣等，2006），吉林大学研制了集中天然源 MT 方法和人工源 CSAMT 法的混场源电磁探测系统（程德福等，2004），中国地质大学（北京）在国家高技术研究发展计划（863 计划）的支持下研制了海底大地电磁仪器（魏文博，2002）。

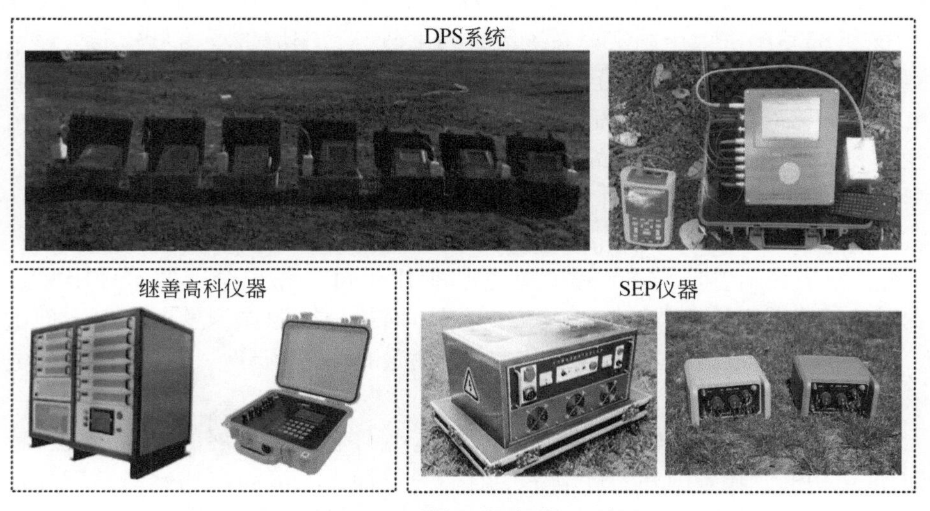

图 3.4　国内主流频率域电磁仪

特别是 2007 年以来，国家对大探测深度电法勘探仪器研制的投入进一步增加，国内多家单位正在开展相应仪器的研究工作。吉林大学针对现有电法勘探技术及仪器在深部资源勘探中存在的不足，结合国外仪器的最新发展趋势，先后研制了 CSAMT 法与 IP 联合探测的分布式接收系统原理样机（张文秀，2012）和 DPS-1 型科研实验样机（刘立超，2014）。通过 IP 测量，不但能得到有效反映矿体的激发极化参数，同时获得的极化电阻率可对 CSAMT 高频段视电阻率进行约束，从而提高 CSAMT 深部电性结构探测的分辨率。中南大学开展的广域电磁测深方法和仪器研究，突破 CSAMT 法必须工作在远区的限制，重点解决火山岩油藏的大深度探测问题（何继善，2011）。湖南继善高科技有限公司研发的DGE-16广域电磁仪是一款新型电磁仪，该仪器以“广域电磁法”理论为基础，并配合先进的电子技术和计算机技术，成功突破了传统人工源电磁法所固有的瓶颈，可应用于油气藏/地热探测、页岩气探测、金属矿/地下水探测、煤田采空区探测等领域。中国科学院地质与地球物理研究所在深部探测技术与实验研究专项（SinoProbe）支持下，开发了SEP系统（底青云等，2013）。利用电磁探测一体化整体系统在野外各种地质环境下开展了实测试验，在实测中同时对比了自研系统及其分系统和国外同类系统及同类分系统。比对结果表明自主研制的SEP系统的电磁信号发射分系统、磁传感器、电传感器、电磁信号采集站分系统、电磁信号处理解释分系统已和国外相应的商用化设备性能相当。

国内航空FEM探测技术研究起步较早，但由于受到国外严密封锁，技术发展相对缓慢。直到21世纪初期，中国地质科学院地球物理地球化学勘查研究所成功研发了国内首套固定翼三频HDY-402系统，工作频率分别为463Hz、1563Hz和8333Hz。由于固定翼系统飞行高度较高，响应磁场信号较弱，该系统探测深度受限，主要用于地下100m以浅的矿产和水资源探测中。在国内航空FEM系统并未获得长期充分发展，逐渐被航空TEM系统和地空系统取代。由于电性源FEM测量激励状态下的稳态响应信号，信号较强理论上能够获得更大的探测深度。因此，吉林大学林君教授团队自2015年开始针对地空频率域电磁探测方法（Ground-Airborne Frequency-domain Electromagnetic Method，GAFEM）展开研究。该方法借鉴广域电磁法的思想，提出了可工作于全区的GAFEM方法，研发了基于旋翼机的地空FEM系统。利用地面长导线源作为发射源向大地供入1Hz～10kHz音频范围的电磁波，并在空中测量垂直磁场分量，进而计算视电阻率以反映大地电性异常信息。

国内FEM仪器装备研发开展较早，但与国外相比，发展的速度较慢，特别是21世纪初期，随着国外先进电法仪器的大量涌入，国内市场逐渐被国外仪器垄断，最终导致目前大探测深度的频率域电磁法仪器过度依赖进口的被动局面。但自2010年以来随着资金和技术投入的不断加大，国内FEM仪器系统快速发展。截至目前，已成型的几套商用化产品指标基本与国外先进系统持平，正逐步找回国内市场的主动权。

3.3　地面电磁探测装备研发关键技术介绍

3.3.1　大功率电磁发射技术

除MT采用天然源外，其他电磁探测仪器均采用大功率人工源作为激励源。

人工源由发射天线和大功率发射机两部分组成。人工源按发射天线类型可分为磁性源和电性源，磁性源采用回形线圈作天线，电性源则采用接地长导线。AEM 系统或地面 TEM 系统常选用磁性源，而地面 FEM 系统则通常采用电性源作发射源，随着地面偏移测量方法技术的发展，电性源也逐渐被用于地面或地空 TEM 系统中。本节主要以适用于地面和地空 FEM 系统的电性源为例，详细介绍大功率电磁发射的关键技术，包括先进的拓扑结构和稳流控制技术。通常 FEM 需要发射不同的频率获取不同深度的电性信息，因此，要求 FEM 发射系统能够在较宽频带范围内产生大发射电流。常规发射系统通常采用扫频发射方案。但随着广域电磁法和地空频率域电磁法的提出和发展，伪随机波形编码和多源多频发射等新技术逐渐进入人们的视野。

1）大功率发射先进拓扑结构和稳流控制技术

宽频带大功率发射机拓扑结构常采用两级 DC/AC 全桥变频电路结构，如图 3.5 所示为大功率发射机拓扑结构图。

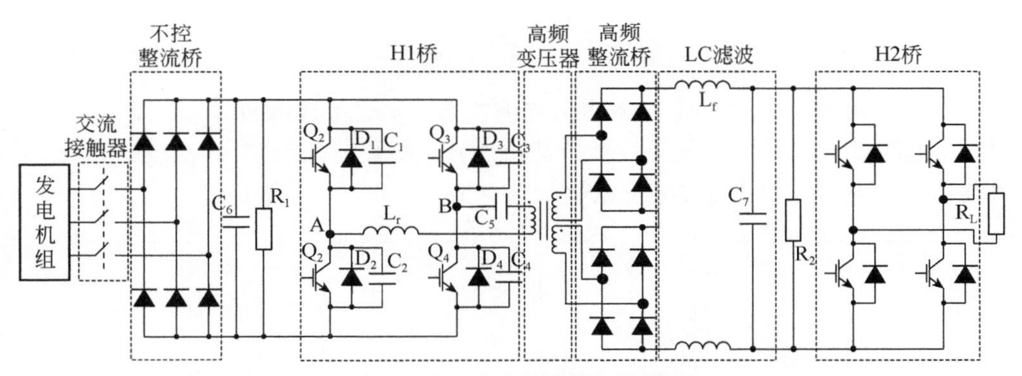

图 3.5　大功率发射机拓扑结构图

与传统大功率开关电源拓扑电路相比，高电压大功率开关电源拓扑电路中高频变压器的单副边输出换为双副边输出，并相应地配有整流及滤波电路。该拓扑结构设计的优点是串并联模式兼容：串联模式可输出高电压；并联模式可输出低电压和大电流，且有效地避免了功率器件无法同时匹配需求电压和电流的情况。该拓扑结构符合当今电力电子技术的发展趋势：采用单相高频变压器替换传统的工/中频变压器，显著减少发射机的重量和体积；通过 PWM 逆变调节，大幅增强发射电气参数的鲁棒性；两级 H 桥各司其职，功能明确。

发射机稳流控制结构采用分数阶 PID 恒流控制策略，分数阶 PID 对被控系统参数的变化具有较小的敏感性和极强的鲁棒性，能够使得控制系统的稳态和动态性能得到很好的改善，能更精确地控制复杂的被控系统。同时采用电流内环电压外环加负载电流前馈的双环控制方法提高系统的抗负载扰动性能。电压外环选择分数阶 PI 控制技术控制系统输出电压；电流内环选择分数阶 PD 控制，跟踪负载电流的变化，提高系统的动态特性；用负载电流前馈环结合电感电流反馈快速跟踪电容电流给定，此时系统输出的外特性最硬，输出电压与负载大小无关。

2）大功率电磁发射新技术

伪随机电磁信号发射技术：2^n 序列编码伪随机波形由何继善院士提出并命名。该类编码波形的频谱在对数坐标上分布间隔比较均匀，而且在主要频点上的信号幅值较高。2^n 序列可用三元素编码进行表示为

$$(A_{n+2})=\left\{1\left(\frac{A_n}{2^n}\right)_f\cdots\left(\frac{A_n}{2}\right)_f A_nA_n\left(\frac{A_n}{2}\right)_b\cdots\left(\frac{A_n}{2^n}\right)_b\bar{1}\right\} \tag{3.1}$$

式中，下标 f 表示前半周期；下标 b 表示后半周期；$\bar{1}$ 表示−1，物理意义为负极性波形；n 为奇数。对于 2^n 序列伪随机编码波形，按照傅里叶级数展开，可获得各个谐波频率上的信号幅值。由于 2^n 序列波形为奇函数，其傅里叶级数展开只有正弦分量，其系数为

$$b_k^n=\frac{1}{L}\int_{-L/2}^{L/2}\{A_n\}\sin k\omega t\,\mathrm{d}t \tag{3.2}$$

式中，ω 为角频率；t 为时间；k 表示谐波次数；n 表示伪随机序列次数；$L=2^n$ 表示伪随机编码长度。当发射波形的基频为 f_0，则其谐波频率为 $f_{\text{harmonic}}=kf_0$，其中 $k=2^{n-1}$ 对应的谐波频率为有效频点（图 3.6）。

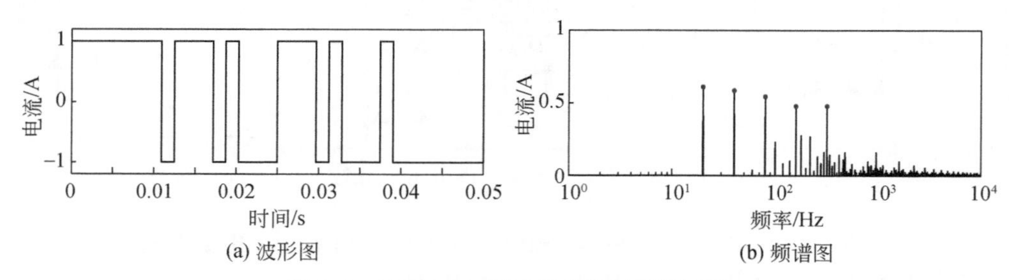

(a) 波形图　　(b) 频谱图

图 3.6　基频 20Hz 的五频伪随机编码波形

多源多频电磁信号发射技术：伪随机波形将能量分布于宽频带范围中，如果仅采用一个发射源，由于发射电流幅值有限，电流的能量散布于各个频点，往往导致测区内感应信号较弱。因此，采用多源激励并通过对各个发射源中频点的设置，可以同时保证频带范围和信号幅值。多个场源同频激励可以改善信号强度、多个场源异频激励可以提高探测效率、多个场源不同方向激励可以改善探测精度。

3.3.2　宽频带数据采集技术

电法勘探的频率范围通常在 DC ~ 10kHz，而其检测的电磁场信号也十分微

弱，实际测量信号大概在几个微伏左右，并且测量信号要经过几米甚至几十米的电缆线传输到接收机，远距离信号传输很容易受到各种噪声的干扰将有用信号淹没。早期的采集站体积大、质量重，操作复杂，需要专业的人员才可以使用，随着电子信息技术的发展，电磁采集站向着分布式、小型化、低功耗、多功能、“傻瓜化”、大存储方向发展，其通信方式由有线向着无线方向发展，控制平台不再局限于笔记本电脑，更多的移动控制（平板电脑或者手机）被使用进来。考虑到野外电磁探测工作的高强度、高成本，电磁采集站的可靠性、稳定性在仪器研发中是重中之重，为保证测量数据的可靠性，设计一种高精度、低噪声、宽频带的弱信号检测电路是研制频率域电磁法多通道接收机的重点。电磁数据采集系统需要采用分布式网络架构，通过结构优化设计，使其重量轻、体积小，并支持无线中短距离操控与数据管理，系统智能化及自动化程度高，配合当前通用的无线网络通信方式，通过手持终端对覆盖区域内的多个接收机进行集中管理和监控，降低了操作人员数量和素质要求，减少了施工人员的劳动强度，具有极大便利性。

1） 基于带通负反馈弱信号检测技术

基于带通反馈的弱信号检测电路原理如图 3. 7 所示。首先，为了抑制噪声干扰并减弱接地电阻变化对固定滤波器截止频率的影响，系统一般采用自带补偿式带通滤波动能的 2 阶 sallen key 低通滤波器，确保滤波器特性保持稳定。

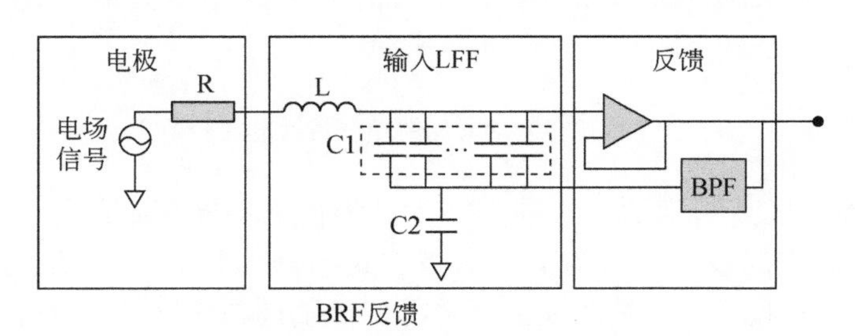

图 3. 7 基于带通负反馈弱信号检测原理图

在各种不同接地电阻情况下，有无增益补偿的带通滤波器，其幅频特性输出对比如图 3. 8 所示，图中上部曲线为未采用带通反馈技术的幅频特性曲线，图中下部曲线为采用带通反馈技术不同接地电阻的幅频特性曲线，与无反馈幅频特性曲线相比，可以看出在相同频点与接地电阻情况下，信号衰减更小，更容易被检测。

2） 宽频带弱信号采集技术

多功能电法仪中的接收机要求具有较宽频带范围，同时由于信号微弱，受到多种噪声的干扰，要求接收机具有高分辨率和强抗干扰能力。因此，我们首先攻

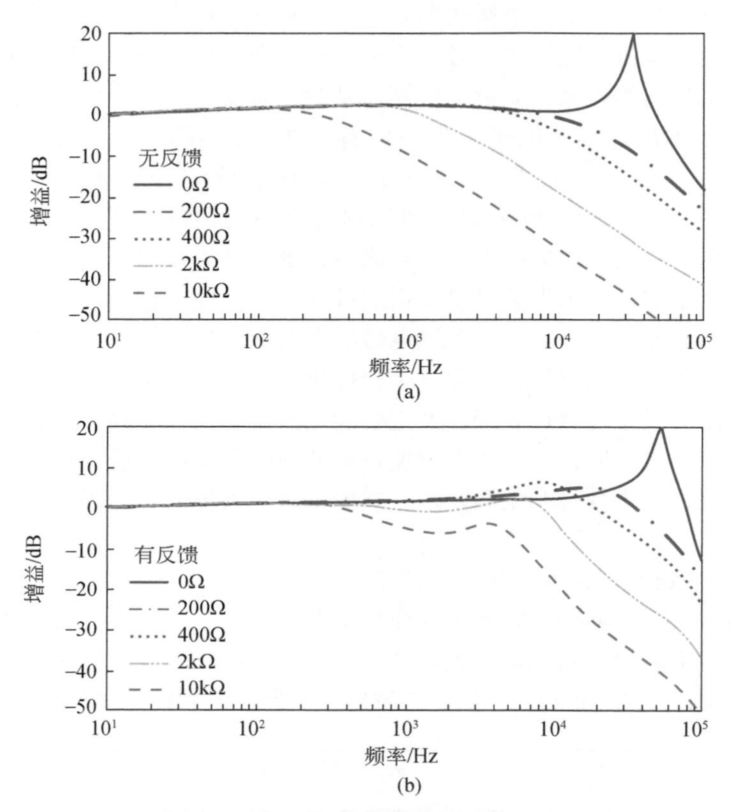

图 3.8　有无带通反馈幅频特性的比较

克了多通道接收机高精度的采集同步技术；为提取不同频带信号，攻克了基于 FPGA 的数据抽取滤波技术；为实时对数据进行质量监控与分析，攻克了基于 FPGA 的频谱计算技术；为消弱人文环境等引起的随机干扰、工频干扰、尖峰干扰，攻克了基于 FPGA 的弱信号抗干扰技术。

12 通道 24 位 AD 数据通过 ADC 模数转换后，通过各自数据总线传输至 FGPA 数据缓存区，经过工频陷波、alphaTrim 滤波、抽取滤波、叠加平均滤波后，进行 DFT 运算，并将数据保存与无线传送至监控设备，进行实时监控数据质量。

3）多接收机同步技术

多通道接收机采集同步技术是利用 GPS 与压控恒温晶振（OCXO）组合方式，采用数字锁相同步技术而实现，如图 3.9 所示。GPS 通过天线跟踪上卫星信号后，将信息通过 RS232 穿行通信，传送至 FPGA，解码模块对 GPS 数据进行解码计算，获取位置、时间、可视卫星数、状态灯信息后，初始化 DAC 驱动模块，并输出相应数字信号至 DAC，DAC 输出电压至 OCXO，调节 OCXO 输出频率。同时 GPS 输出的秒脉冲信号 1PPS，通过计数两个秒脉冲沿之间 OCXO 输出信号的个数，并与实际要求工作频率 12.288MHz 相比较，计算出锁相检测相位差，根据该相位差，将相应的数字控制信号写入 DAC 驱动，进行新一循环的调节，直至输出频率达到设计需求，数字锁相调节时钟完成。

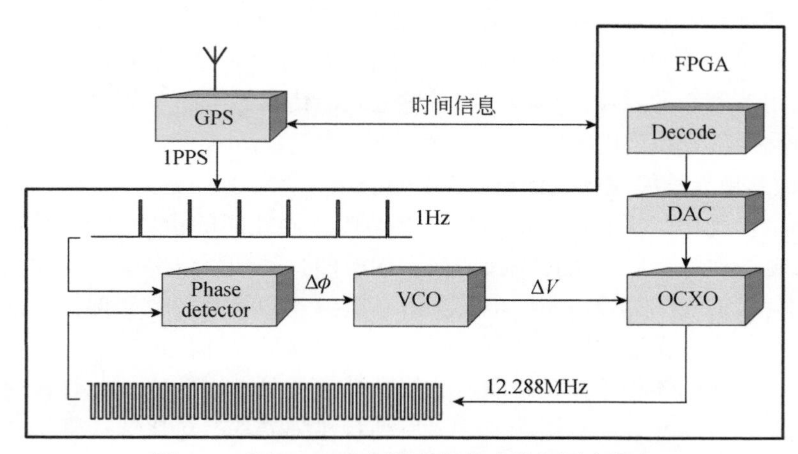

图 3.9　基于 GPS 与恒温晶振数字锁相同步技术

4）基于 FPGA 的数据抽取技术

针对 CSAMT 信号采集中改变模数转换器采样率存在的问题，提出了固定模数转换器的采样率，通过对采集的数据进行数字抽取降低采样率，从而减小了数据量。由于模数转换器的采样率不变，且大于 CSAMT 信号最高频率的 2 倍，因此只需一个固定截止频率的抗混叠滤波器，也降低了对滤波器过渡带的宽度要求，从而易于模拟电路实现。由于 MT/AMT 信号的高频段信号周期短，采样率高，因此为了获得更大的信号多样性，降低短时干扰破坏整个高频数据的概率，并降低数据量，设计高频段数据采集为间歇式的分段数据采集方式；在低频段则使用低采样率进行连续数据采集与存储。高低频数据在整个测量期间都进行数据记录，从而获得了最多的信号极化方式，提高数据预处理中求解互功率谱参数时的稳定性。

针对 CSAMT 和 MT 的信号采集，由于频点个数多，如果对每个频率都设置不同的采样频率，则需要设计多个 CIC 滤波器，占用 FPGA 内部资源太多。因此将整个频段划分为 4 个子频段，每个子频段采用相同的采样率。由于 A/D 以最高采样率 24000Hz 工作，采集的数据依次通过频率变换因子为 10、16、10 的 CIC 滤波器，可得到采样率分别为 2400Hz、150Hz、15Hz 的采样数据，加上不经过抽取直接输出的 24000Hz 的数据，这 4 个采样率可满足 CSAMT/MT 不同频率段信号的采集需要。

3.3.3　感应式磁场传感技术

感应式磁传感器是电磁探测仪器的核心部件之一，其工作原理是法拉第电磁感应定律，即线圈输出电压和穿过线圈磁通量的变化率成正比。TEM 探测一般要求传感器具有较大带宽和较大的动态范围，因此 TEM 系统通常选用空心线圈磁传感器。而 FEM 方法通常信号微弱要求传感器具有较高的灵敏度，因此 FEM 系统常选用带磁心的磁棒传感器。两种感应式磁传感器电路单元都是由敏感单元和读出电路两部分组成的。

1）敏感单元结构优化设计与工艺处理技术

线圈结构优化与绕制：考量感应式磁场传感器性能的指标主要包括灵敏度、噪声和带宽，而且，此类指标主要取决于线圈的直径和匝数，以及放大电路的增益。因此，借助线圈等效内阻、电感和分布电容建立线圈等效模型，可优化设计线圈直径和匝数，保证线圈灵敏度、噪声和带宽满足设计指标要求。针对特定需求，还可引入线圈体积和质量限制，对线圈结构参数加以约束。此外，线圈绕制方式对线圈本身的等效参数影响较大，应结合实际需求，对比选择密绕或蜂房绕制方式。

磁心选材与结构优化：对于磁棒传感器，其感应电压与磁心的有效磁导率μ_{app}和磁心形状大小密切相关，而有效磁导率μ_{app}与长径比以及磁心材料本身的初始磁导率μ_r相关。选用初始磁导率大于 10000 的钴基非晶材料作磁心，为减小涡流效应，利用若干个长条形叠片层叠到一起形成的棒状磁心。长径比设计遵循以下原则：第一，磁心的长度小于传感器整体的长度；第二，磁心截面积受材料叠片工艺限制，但要保证尽量小；第三，为避免磁心被磁化饱和，长径比一般设计为 50～100，使其工作在 B-H 曲线的线性区。此外，为了改善磁材料的磁导率，需要对磁心材料进行退火处理，用以消除机械加工过程中的残余应力，同时使磁畴的排列无序化，令材料的磁性能处于最佳状态。退火处理需要用到加热炉，涉及磁性材料采用热退磁炉进行退火效果最佳。

2）反馈补偿技术

磁传感器感应电压大小与被测信号频率成正比，这会导致低频信号灵敏度较低而影响低频磁场信号检测能力。因此，需要在传感器设计中引入补偿。

电阻匹配技术：对于宽频带的空心线圈传感器而言，由于线圈谐振频率较高，为保证线圈低频段的信号检测能力，通常利用匹配电阻实现低频的增益补偿。匹配电阻法的工作原理是通过调节匹配电阻使得空心线圈处于临界阻尼或过阻尼状态，可实现低频增益补偿，同时避免线圈脉冲响应振荡。

磁通负反馈技术：其原理是被测交变磁场在传感器的感应线圈中产生感应电压，经放大滤波之后，通过反馈电路将信号的电压量转换为电流量施加到反馈线圈，形成与被测磁场方向相反的反馈磁场。

3）低噪声放大技术

为保证磁传感器感应磁场信号产生的电压信号能被接收机检测到，需设计低噪声放大器将感应电压信号进行放大。

斩波放大技术：斩波调制放大技术的基本原理是将输入低频信号与放大电路的 $1/f$ 噪声在频谱上进行分离放大。首先，将低频信号调制为载波信号；其次，送入放大电路进行放大，从而将载波信号和 $1/f$ 噪声在频谱上有效分离；放大后的载波信号经过高通滤波器 HBF，被基本滤除低频 $1/f$ 噪声；再次，解调恢复到原输入信号频率，将解调后的信号与 $1/f$ 噪声分离；最后，将解调后的信号经过一个低通滤波器 LBF。

并联 JFET 放大技术：采用并联 JFET 电路结构，降低放大电路的等效输入噪声。理想状态下，若并联 JFET 对管个数为 n，则电路等效输入电压噪声降低到原噪声的 $1/\sqrt{n}$，电流噪声增长到原噪声的$\sqrt{n}$倍。再结合实际敏感单元的等效电路，可以估算不同并联 JFET 管对数时的噪声，进而优化设计对数使得噪声满足指标要求。

3.4　电磁装备系统性能测试比对情况

电磁装备系统集成部件主要有自主研制的大功率电磁发射机、宽频带电磁数据采集站、感应式磁场传感器，装备系统实物如图 3.10 所示。

图 3.10　电磁装备系统构成实物图

表 3. 1 为发射机关键参数与现在占据国内市场的凤凰 TXU-30 关键指标对比表，这些结果表明，研制的大功率发射机在发射功率、发射频率范围优于 TXU-30。虽然发射机体积、质量高于 TXU30，但是在单位质量发射功率比、单位体积发射功率比等指标优于 TXU-30，研制的大功率发射机相比较之下做到了更好的空间利用，发射机单位质量与单位体积发射功率对比结果如图 3. 11 所示。

表 3. 1　大功率电磁发射机指标对比

性能指标	自主研制	国际先进仪器 TXU-30	评估结果
发射功率	50kW	20kW	优于
发射频率范围	10kHz ~ DC	9. 6kHz ~ 1/256Hz	优于
单位质量发射功率比	476	327	优于
单位体积发射功率比	260. 3	143. 5	优于

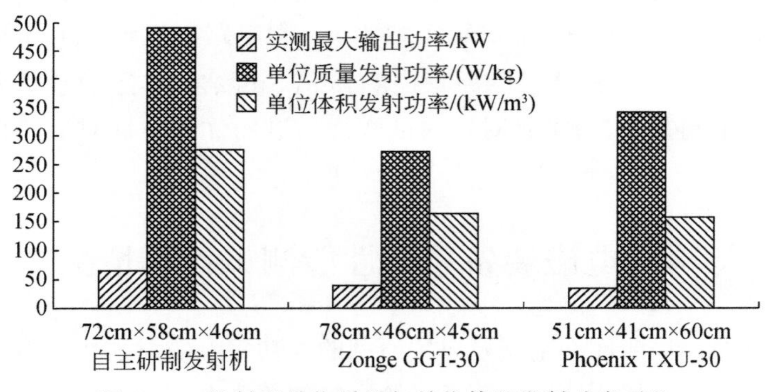

图 3. 11　发射机单位质量与单位体积发射功率对比

表 3. 2 为采集站关键指标对比表，其中支持功能在野外施工中完成测试；采样位数、采样率通过产品手册获取；通道数量、带宽、动态范围、噪声水平、工频抑制比、通道串扰、同步方式、控制方式、功耗、规格等技术指标在实验室同一条件下测试完成。这些结果表明，自主研制的采集站与 V8 接收机支持功能、采样位数、采样率、带宽、动态范围、噪声水平等技术指标相同；在通道数量、工频抑制比、道间串音抑制、功耗、规格、重量上更有优势。

表 3. 2　采集站关键指标对比

指标	自主研制	V8 接收机
支持功能	MT/AMT、CSAMT	MT/AMT、CSAMT
通道数量	12	6

续表

指标	自主研制	V8 接收机
采样位数	24bit	24bit
采样率	24kHz	24kHz
带宽	10kHz	10kHz
动态范围	120dB	120dB
噪声水平	2μV	2μV
工频抑制比	大于 130dB	未标注
道间串音抑制	>100dB	未标注
同步方式	恒温晶振、GPS、原子钟	恒温晶振、GPS
控制方式	WIFI	2. 4GHz 射频
功耗	13W	>15W
规格	228mm×200mm×115mm	355mm×250mm×110mm
重量	5kg	7kg

表 3. 3 为感应式磁传感器技术指标对比表，在屏蔽室/筒内，相同条件下，对同类型的感应式磁传感器进行了对比测试，测试方法如图 3. 12 所示，对比结果如表 3. 3 所示。自主研制 MT 磁传感器在 10Hz ~ 1kHz 频率范围内的噪声水平优于国外同类产品、转换系数具有更高的灵活度、重量更轻便、体积更小巧；自主研制 CSAMT 磁传感器在频率大于 100Hz 时具有更好的噪声表现；宽频磁传感器低频时的噪声优于国外同类产品且具有更好的灵敏度系数，在体积上也有一定优势。这些结果表明，自主研制的磁传感器达到了同类型仪器国际先进水平。

表 3. 3　感应式磁传感器技术指标对比

名称	指标	自主研制	国外同类产品
MT 磁传感器	工作频率范围	10000s ~ 1kHz	10000s ~ 1kHz
	噪声水平	2pT/sqrt（Hz）@0. 1Hz 0. 2pT/sqrt（Hz）@1Hz <0. 05pT/sqrt（Hz）@10Hz-1kHz	2pT/sqrt（Hz）@0. 1Hz 0. 2pT/sqrt（Hz）@1Hz <0. 1pT/sqrt（Hz）@10Hz-1kHz
	转换系数（平坦部分）	50 ~ 500mV/nT，可调	500mV/nT
	重量	4kg	5kg
	体积	长度 0. 9m，直径 48mm	长度 1m，直径 60mm

续表

名称	指标	自主研制	国外同类产品
CSAMT 磁传感器	工作频率范围	0. 1Hz ~ 10kHz	0. 1Hz ~ 10kHz
	噪声水平	1pT/sqrt（Hz）@1Hz 0. 1pT/sqrt（Hz）@10Hz <0. 005pT/sqrt（Hz）@>100Hz	1pT/sqrt（Hz）@1Hz 0. 1pT/sqrt（Hz）@10Hz <0. 01pT/sqrt（Hz）@>100Hz
	转换系数	100mV/nT（平坦部分）	100mV/nT（平坦部分）
	体积	长度 0. 8m，直径 60mm	长度 0. 8m，直径 60mm
宽频磁传感器	工作频率范围	10000s ~ 10kHz	10000s ~ 10kHz
	噪声水平	1. 5pT/sqrt（Hz）@0. 1Hz 0. 15pT/sqrt（Hz）@1Hz <0. 003pT/sqrt（Hz）@1kHz	2pT/sqrt（Hz）@0. 1Hz 0. 2pT/sqrt（Hz）@1Hz <0. 003pT/sqrt（Hz）@>1kHz
	转换系数	800mV/nT（平坦部分）	25mV/nT（平坦部分）
	体积	长度 1. 2m，直径 60mm	长度 1. 44m，直径 60mm

在 SEP 项目组的组织下，使用 SEP 系统在国内多个地区进行了 FEM 方法要仪器性能对比测试及应用示范试验。在可控源方面主要与加拿大凤凰公司 V8 系统进行对比；在大地电磁方面，主要与加拿大凤凰公司 MTU5A 等仪器进行对比，加拿大凤凰公司的 V8 系统和 MTU5A 在地面电磁仪器方面占据了国内大部分市场，且具有较好口碑。图 3. 12（a）为自主研制仪器（红色）与国际主流仪器

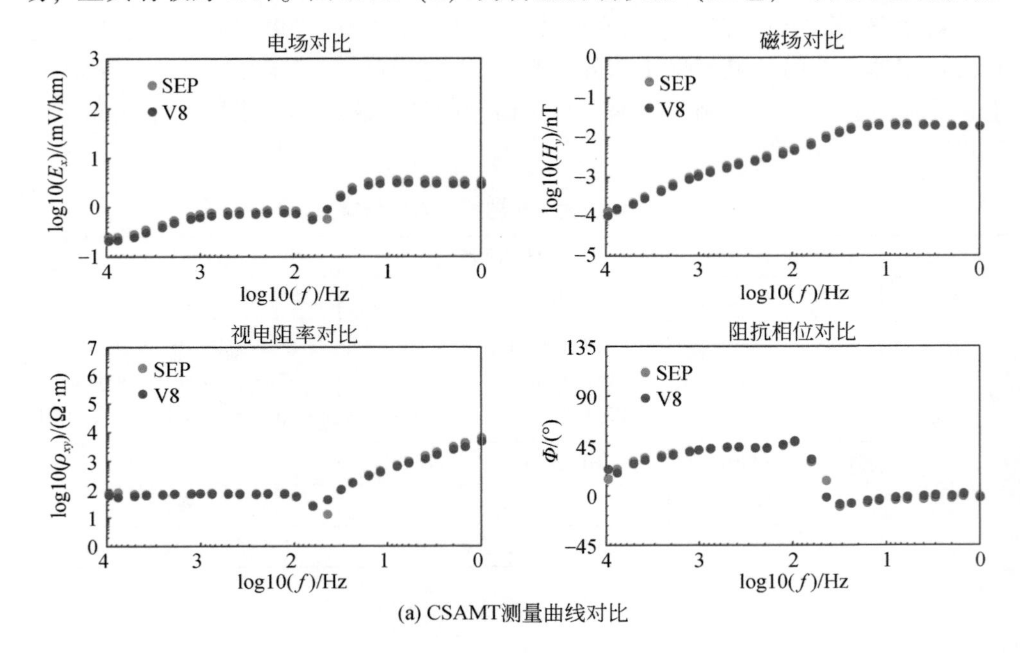

(a) CSAMT测量曲线对比

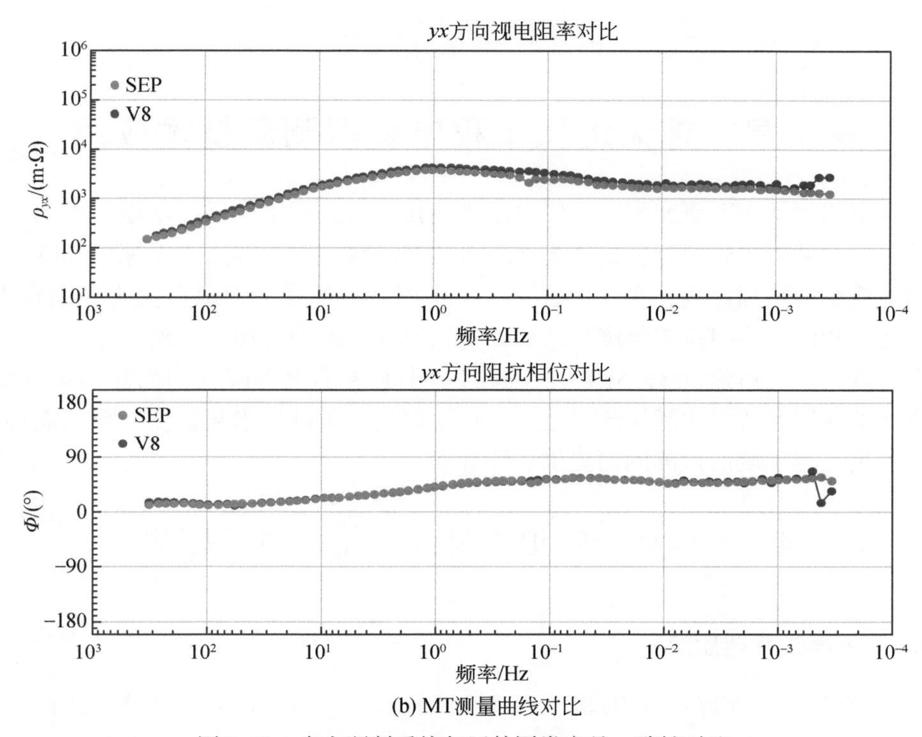

(b) MT测量曲线对比

图 3.12　自主研制系统与国外同类产品一致性对比

（蓝色）CSAMT 测量曲线对比，左上图为电场（E_x）、右上图为磁场（H_y）、左下图为视电阻率、右下图为阻抗相位；图 3.12（b）为自主研制仪器（SEP）与国际主流仪器（V8）MT 测量曲线对比，上图为 *yx* 方向视电阻率、下图为 *yx* 方向相位；从曲线可以得出，自主研制仪器与国外主流仪器测量结果一致性高。

第 4 章　重大地质工程电磁探测新技术应用

本章阐述了作者研究团队采用电磁探测技术解决国家交通、水电、矿山、国防等工程领域的实际问题，具体为在南水北调西线、石太客运线等深埋长隧道开展的地质结构精细探测，在辽宁省大伙房水库开展的掌子面地质灾害超前预报，甘肃北山和内蒙古阿拉善核废料地质处置预选区开展的有源电磁法三维探测，以及在涪陵页岩气田焦页 51-5HF 井压裂过程中开展的电磁阵列剖面法四维观测。本章详细介绍了这些实际探测问题中的地质问题、关键技术和探测成果，能够为读者解决工程领域的探测问题提供思路和参考。

4.1　深埋长隧道不良地质结构电磁探测

4.1.1　主要工程地质问题

近 30 年来，深埋长隧道/洞工程在我国水利、水电、铁路、公路和矿山等建设中蓬勃发展，取得了举世瞩目的成就。已建成的深埋长隧洞（单洞）最大长度已达 80km，最大埋深已达 2000m，长度大于 10km、埋深大于 600m 的隧洞数量众多。

我国各类隧洞工程从浅到深、从短到长、钻爆法和 TBM 法的发展历程表明，隧洞地区的工程地质条件日趋复杂，施工时穿越许多地质构造单元和具有活动性的区域大断层带，岩性多变、性质复杂，隧洞涌水、岩爆、围岩大变形、外水压力、高地温、放射性危害与有害气体等地质问题越来越突出，成为工程安全实施的制约因素（黄润秋等 1997；Le Roux et al.，2011；刘康和等，2013）。由于勘测条件恶劣，人们对深部或超大埋深岩体地应力状况、岩体工程性质、深部岩体构造与岩溶发育规律、地下水的分布与补给、径流、排泄规律、岩体的渗透性与隧道外水压力等了解甚少，甚至存在很多未知领域和难以查明的问题。因此，通过地质测绘、遥感遥测、工程钻探和坑探、信息数值模拟、地球物理勘测等技术方法的综合应用，可对深埋长隧洞线路的工程地质条件进行分析和论证，以取得隧洞沿线的工程地质特征，为深埋长隧洞的工程设计和安全施工提供可靠的科学依据（Suzuki et al.，2000；陶波等，2006；谭远发，2012；王显祥等，2014；Solberg et al.，2016；底青云和张文伟，2016；Tietze et al.，2019）。

4.1.2 隧道不良地质体探测中的地球物理技术

由于深埋长隧洞地面海拔高，探测深度大，抑或地形地质情况复杂，交通困难，勘探设备甚至技术人员难以到达洞线位置，常规地球物理勘测技术难以满足隧道工程发展需求，特别是对于埋深超过1000m的隧洞探测效果不佳，而CSAMT等电磁法具有地形适应性强、成本低和探测深度大等特点，成为深埋长隧洞探测的重要方法（Chalikakis et al.，2011；Di et al.，2020；He et al.，2006；安志国等，2008；底青云等，2014，2006，2005；欧阳涛等，2016）。

当然，深埋长隧洞地球物理勘测适宜采用综合手段，以便不同方法之间相互补充和验证，并采取点、线、面相结合和定性与半定量结合的物探布置原则。CSAMT法或混场源高频电磁法为深埋长隧洞工程地面物探的主要方法，此外可根据地层的弹性、电性和放射性特征，选择浅层地震勘探和电测深、高密度电法、TEM、综合测井以及放射性勘探作为辅助手段（Busato et al.，2016；Cardarelli et al.，2018；Diallo et al.，2019；Doolittle and Collins，1998；Kowalczyk et al.，2017；Parks et al.，2011；Satitpittakul et al.，2013；Schnegg and Sommaruga，1995；Sevil et al.，2017）。此处，主要体现了CSAMT法在深埋长隧洞工程地面探测中的应用效果。共完成46个隧道长度达335km的CSAMT法探测，这里仅以石太客运专线太行山隧道和南水北调西线一期工程为例进行介绍。

4.1.3 石太客运专线太行山隧道探测实例

石家庄至太原铁路客运专线，是国家“十一五”重点建设项目，是全国铁路“四纵四横”快速客运网的重要组成部分，也是我国首条开工建设的客运专线。太行山隧道是石太铁路客运专线的重点控制性工程，是我国铁路隧道建设史上的重要里程碑。太行山隧道地质结构复杂，极易发生坍塌和大变形。因此，必须开展地球物理勘探，掌握隧道洞深线高程以下50m深度的地质结构，区分地层分布，探测可能存在的断裂、岩溶、含水构造等不良地质体，查明其规模及赋存形态，分析其富水性及隧道工程潜在的影响（Di et al.，2020；李志华，2005）。

1. 区域地质和地球物理特征

工区东段为太行山脉中南段，为邻近华北平原的梯级地形带，高山深谷，侵蚀强烈。西段则为盂县寿阳盆地的东北边缘。构造上以一系列断层、断陷为主，发育的褶皱多较舒缓，地层多以近水平的低倾角为主，部分为中等倾角，近盂县寿阳盆地多处残留铝土矿、褐铁矿、砂岩及煤系地层。

以出露的地层、岩性综合分析：该区高阻岩性为元古宇、太古宇石英砂岩、片麻岩、部分寒武系张夏组厚层白云岩、下奥陶统白云质灰岩。其次为寒武系泥质灰岩，薄层灰岩，奥陶系灰岩，电阻率多在5000Ω · m以下。中奥陶统上部的峰峰组，由于膏岩地层易发生岩溶的影响及部分泥灰岩成分，电阻率多在3000Ω · m以下，而石炭–二叠系电阻率多为$n\times10\sim1000\Omega\cdot m$。结合相关地质资料，依电阻率差异地层具有一定可区分的条件。区内断层因破碎、含水而呈明显的低阻。

2. 质量保证措施

为保证数据质量，按照《铁路工程地质勘察规范》和《铁路工程物理勘探规范》，采取了如下措施：

（1）保证接收极距准确。由于该区人文环境复杂，沿测线沟壑纵横，地形起伏较大，接收极距不准确势必影响测量的电场强度，为此使用双频RTK GPS系统测量点距，保证了测量点距的水平距离严格控制在25m。还需要考虑地形倾斜对测距的影响，为此实时测量或估计倾斜的角度。

（2）叠加技术。为尽量减小随机噪声，在干扰较大的地区采取了多次叠加记录数据。

（3）增大供电电流。为了保证电场信号强度，采取了扩大发射极接地面积、浇洒降阻剂等方法来加大供电电流，电流强度一般都大于15A。

（4）增设发射偶极。布设多个发射偶极，将接收区域严格控制在发射偶极辐射花瓣内，确保信号幅度。

（5）重复观测。为评估采集数据的可靠性，在剖面上均匀地选取了不少于总测点数3%的测量点以及异常区作为质量检查点，进行了“同一测点、不同时间、不同操作人员”的质量检查。

（6）日志板报。野外板报及仪器参数记录齐全准确，对测点周围主要地形、地物，干扰源进行描述，供室内异常解释参考。

采集的数据质量较高，甲级点90%以上，且重复检查百分比相对误差小于5%，满足中华人民共和国行业标准《铁路工程物理勘探规程》（TB10013—2004）的要求。

3. 数据处理

1）曲线分析

图4.1（a）和（b）为在正常地层上和有异常的地层上的频率–视电阻率、频率–相位曲线。图4.1（a）位于DK84+000m处，地层为正常的灰岩地层。该处有一地质上定的钻孔04-ZD-1013，孔中见到的是完整的灰岩。图4.1（a）表明，高频段视电阻率值约为200Ω · m，随着频率降低，视电阻率逐渐升高，大

约在频率 300Hz 时出现“UNDERSHOT”效应，这说明该点处在深部灰岩变得更完整，是典型的岩性变化标志。图 4.1（b）为在 DK93+872m 处的原始观测曲线，该点位于断层上，该处有钻孔 04-ZD-1023，整孔都处在断层破碎带中。从图 4.1（b）可见，高频段视电阻率值比 DK84+000m 点低，从地表（高频）开始大约为 100Ω·m，随频率降低视电阻率逐渐降低，最小值约 30Ω·m，即使小于频率 150Hz 视电阻率值开始增大，因为此测点处于破碎带中，视电阻率值整体并不大。

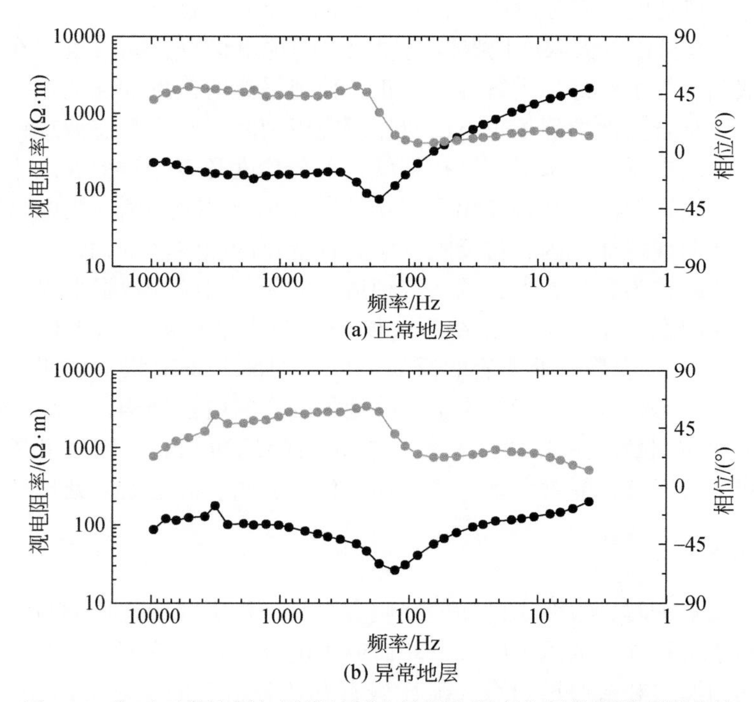

图 4.1　位于正常地层与异常地层上的视电阻率和相位原始观测曲线

2）静态处理

目前已存在多种对静态效应的校正处理方法，每种校正方法都有其局限性，校正不足则可能难以压制静态效应，校正过度则又会降低分辨能力。因此，合理校正的关键在于正确认识静态效应的响应特征及规律，结合实际地质资料，选择合适的技术和处理参数进行综合分析，获得真实的测深数据，以达到理想的校正目的。

本节采用 EMAP（Electromagnetic Array Profiling）法低通滤波和全剖面比较法结合，实现了数据的静态校正（Torres-Verdin and Bostick，1992；An et al.，2013b）。利用空间滤波法作静校正的基本出发点，认为地下电性异常体或地质构造引起视电阻率曲线沿测线平缓渐变，而地表局部电性不均匀体或局部地形不平则会引起视电阻率曲线沿测线变化急剧。这样，若设计某种低通滤波器沿测线作空间滤波，则可压制“高频”的静态效应。

汉宁窗滤波公式为

$$h(x)=\begin{cases}\dfrac{1}{\omega}\left(1+\cos\dfrac{2\pi x}{\omega}\right) & |x|\leqslant\omega/2\\ 0 & |x|>\omega/2\end{cases}\tag{4.1}$$

式中，ω 为窗口宽度。实际应用中，$h(x)$ 离散成七点滤波。

EMAP 滤波可以极大限度地提取勘探区域的地电信息，同时也存在着前面提到的一些缺陷。为了更好地进行静态校正，使得采集的数据如期还原、反映地下地质结构，也结合其他的静校正方法对比研究以消除、减小静态效应的影响，得到地下真实的地电反映，来提高勘探精度、解释精度乃至分辨率。故本节综合考虑了全剖面曲线比较法，从整体出发，结合每个测深点的频率-视电阻率曲线形态，分析突变曲线特征成因，将反映真实异常变化的曲线区别判识，将未受静态影响的测深曲线作为背景参考，选择合理适当的阈值对畸变数据加以校正处理。

图 4.2 为静态校正前后对比结果，横坐标为水平距离，纵坐标为深度。其中，图 4.2（a）代表静校处理前的反演剖面，剖面上条带状呈现明显，说明反演结果受到了静态影响，未能如实地反映地下的真实电性结构，难以获得准确的岩层划分和地质判断。图 4.2（b）显示校正后的反演剖面，剖面上条带明显减少，等值线变得舒缓，异常清晰。已知地质信息表明，静态效应处理效果明显。

4. 地质解释

剖面地质解释时，参照了已知的地质资料，分析了区域地质的特点，考虑了可能的不利于工程施工的地质因素，并研究了电阻率异常特征。结合以往的研究基础，对均匀厚层和薄厚层组合、泥质岩石和灰岩组合的宏观电阻率结构特点，针对性地解析断层、破碎发育的电性变化趋势。研究发现，剖面东段和西段的电性结构存在差异，西段浅部相对低电阻，对应峰峰组地层，且含较多的泥灰岩成分和石膏层。从已知地质资料获知，峰峰组底部普遍含石膏层，如在杏村附近揭露的层厚达到 65m。虽然，石膏层本身为高电阻率，但其较易溶蚀导致岩溶发育，而断层破碎时会加剧溶蚀，两者相互作用。因此，对东段分析解释时，将相对较低阻的泥灰岩层作为正常标志地层，以碎裂引起的低阻带划定断层构造。对东段的断层解释，既考虑了断层低阻带的因素，又结合了相对脆性岩石中断层电阻率的变化特征，其电阻率等值线形态虽然变化较大但其幅值变化较小。由于太行山隧道长度近 29km，解释图幅太大，仅展示西段部分的解释结果，西段解释图见图 4.3。

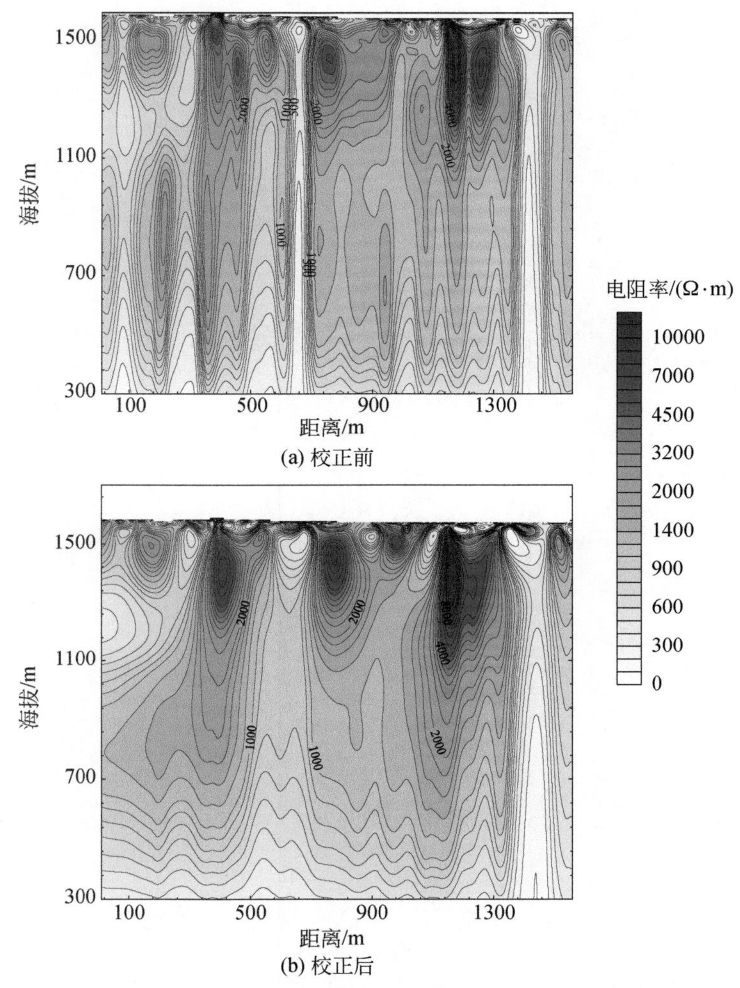

图 4.2　静态校正前后效果对比（据 An et al.，2013a）

1）岩性解释

DK97+200m ~ DK87+500m 段：表层灰岩之下明显有一舒缓起伏的低阻层，且厚度较大处上覆煤系地层或铝土矿层。该层控制着石炭系地层的分布，其下伏地层推测为奥陶系峰峰组下段。该段洞身埋深浅，地层变换复杂，岩层稳定性较差，施工时应注意防范塌方、渗水等灾害。

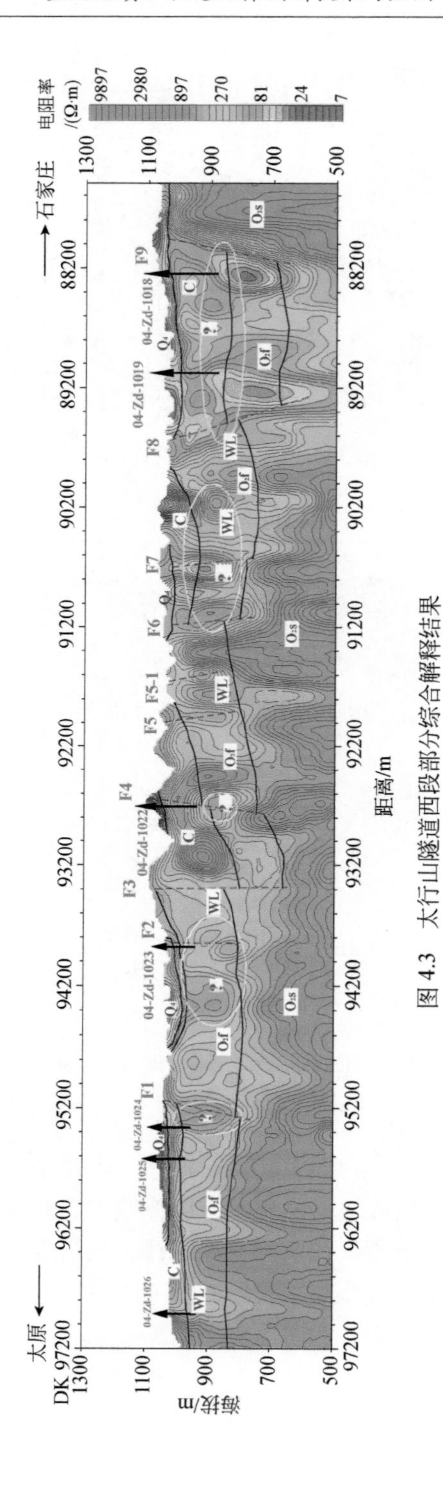

图 4.3　太行山隧道西段部分综合解释结果

2）断层解释

（1）F1 断层。F1 断层位于 DK95+150m 处，存在明显的电阻率不连续界面。断层较陡、近直立，东倾。断层西侧至 DK95+800m 段洞线多处通过奥陶系灰岩，局部穿切奥陶系峰峰组，洞线多处受奥陶系至石炭系不整合面影响，受 F1 断层影响地层有碎裂。

（2）F2 断层。DK93+850m 点电阻率变化剧烈，解释为断层，定名为 F2，断层西倾、较陡，影响带宽 30m 左右，受复合岩溶影响，岩层破碎。

（3）F3 断层。F3 断层位于 DK93+400m 处，两侧电阻率不连续。该断层产状较陡，倾角达 80°。在 DK93+900m 附近电阻率有局部变化，反映可能有岩溶发育，该段工程上洞线距地表较浅，局部灰岩有溶蚀碎裂，尽管 F3 断层影响带较窄，但仍有地层碎裂对工程的影响。

（4）F4 断层。位于 DK92+650m 点，断层西倾，下延深度 200 余米，应注意断层破裂和小规模岩溶影响。

（5）F5 断层。DK92+000m 点附近有一相对低阻带，推断为一断层，定名为 F6，断层东倾，影响带较窄。

（6）F6 断层。位于 DK91+200m，东倾且下延深度近 200m。

（7）F7 断层。位于 DK90+750m，此处有电阻率不连续面，解释为断层，定名为 F7，断层面东倾较陡，岩层有破碎。

（8）F8 断层。DK89+650m 点是一明显断层带，定名为 F8，断层东侧石炭系断陷可深达近 200 余米，断层东倾。该点至 DK87+700m 点附近显示为石炭系小断陷。

（9）F9 断层。DK87+950m 点发育一断层，定名为 F9，断层西倾，表现为一明显的低阻带。该段工程通过石炭系断陷盆地，有较多断层发育，较松散地层和断层的影响，使隧道坍塌的影响加大，必须增加支护以防止坍塌，保证施工安全。

3）溶洞及溶蚀区

结合地质和断面电阻率特征分析，该区溶洞及溶蚀区较发育，现对可能的溶洞及溶蚀区进行解释。

（1）DK93+900m 附近电阻率有局部变化，反映可能有岩溶发育，该段工程上洞线深度距地表较浅，局部灰岩有溶蚀碎裂，施工时注意防范岩层碎裂的影响。

（2）DK91+000m 点电阻率有明显变化，表明该点有碎裂和岩溶侵蚀发育。该段洞线主要在奥陶系峰峰组灰岩间通过，灰岩夹多处泥岩层，工程施工时可能会局部渗水，偶见岩溶溶蚀发育，应注意碎裂、塌方等事故。

（3）DK83+800m 点有一低阻带，下延深度 60m 有碎裂低阻显示，解释为岩溶发育侵蚀所致。

（4）在 DK77+600m ~ DK73+150m 段，该段岩性单一，工程条件较好。小尺度岩溶的电性特征不明显，但在区域地质上灰岩岩溶较发育，故仍应注意局部岩溶影响。

4）典型异常剖析

DK89+800m ~ DK87+800m 段地表多为黄土层，局部有煤系地层呈近水平产状出露。电性特征分析表明，DK88+600m 附近测深资料受村庄等人文干扰影响，其他数据真实可靠。该段以断层 F8 和 F9 为界限，构成了一个典型的低阻异常断陷区，如图 4.4 所示。异常分析表明，主要呈水平展布，中夹低阻圈闭。结合区域地质分析，浅部的近水平低阻和相对高阻夹层，解释为石炭系煤层，下延深度在 150m 以内；该层以下存在两处明显低阻异常，其电阻率值小于 $n\times10\Omega\cdot m$，由断裂和岩溶等影响所致。结合周边出露地层分析，确定为局部断陷，且电性异常反映了断陷内部地层的分布特征。04-Zd-1018 钻孔岩心揭示地下深部存在泥质充填物和角砾混合物，与物探解释的低阻异常相吻合。

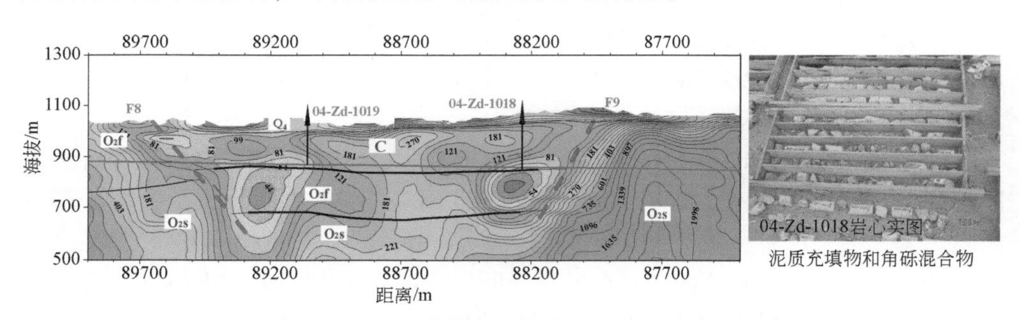

图 4.4　太行山隧道典型溶蚀区分段 CSAMT 解释结果

4.1.4　南水北调西线一期工程玛柯河—贾曲段探测实例

南水北调西线工程（简称西线工程，项目处于前期论证阶段，为未建项目），指从长江上游支流雅砻江、大渡河等长江水系调水，至黄河上游青海、甘肃、宁夏、内蒙古、陕西、山西等地的长距离调水工程，是补充黄河上游水资源不足，解决我国西北干旱缺水，促进黄河治理开发的战略工程。西线工程位于青藏高原东北部，从长江上游采用深埋长隧洞方案经巴颜喀拉山输水入黄河，其建设规模、难度都是当今世界之最。因此，工程技术界非常关注南水北调西线工程的建设和论证情况（王学潮和马国彦，2002；王学潮和伍法权，2007）。

南水北调西线一期工程，从雅砻江支流达曲、泥曲，大渡河支流杜柯河、玛柯河、阿柯河调水到黄河（沈凤生等，2002）。输水线路全长260.3km，其中隧洞长244.1km，明渠长16.1km，渡槽长0.12km。隧洞通过支流自然分为7段。工程区岩性以砂岩、板岩为主，地层褶皱强烈，活断裂发育，地表覆盖厚，地质条件相对复杂。因此，地球物理探测的目的是划分不同岩性，查明不良地质体的分布特征，分析地层和不良结构体的含水性和富水性及对隧道工程潜在安全性和长期稳定性的影响。

1. 地质概况

西线调水西线工程位于青藏高原巴颜喀拉褶皱带，褶皱构造一般呈紧闭状，岩层大多呈高角度陡倾，多数断层发育于紧闭褶皱的核部，为紧密挤压带或逆冲断层，紧密挤压带或密集的逆冲断层带为西线工程区断裂构造的基本表现形式。在近期左旋走滑构造应力场的作用下，西线工程区大多数NW—NWW向延伸的断层，其近代运动均沿这些挤压带发生走滑运动（图4.5为区内板块构造示意图，红色框表示研究区域）。

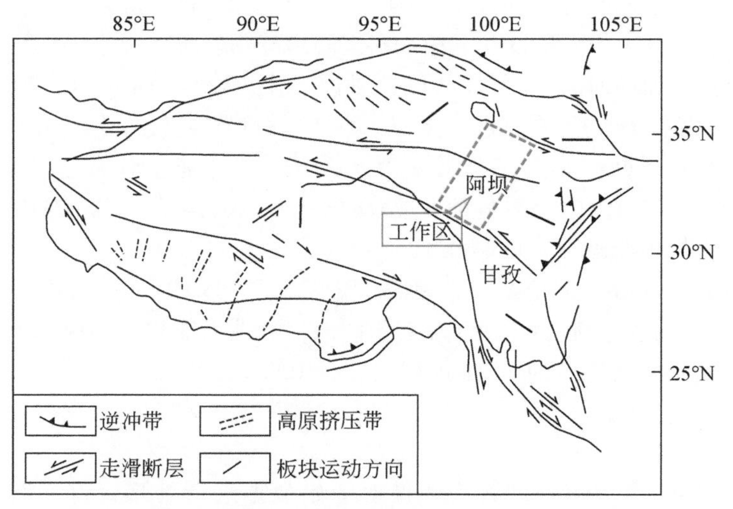

图4.5　区内板块构造运动示意图（据An et al.（2012））

测区内的河流属于大渡河水系，第四系类型比较单一，以河流冲积为主，冰川-冰水沉积次之。在河流两侧的山坡上多有泉水出露，河水主要来自大气降雨，以潜水的形式补给河流。区内主要岩性为浅变质砂岩和板岩，砂板岩互层为普遍分布软硬岩互层的特征。其中，砂岩为主要的裂隙透水岩层，板岩则为相对隔水岩层。根据调查和试验结果，该区岩体的透水性主要受岩性和构造控制，除局部裂隙密集带的透水性较强外，一般为弱透水岩体。

2. 工区地球物理特征

基于西线调水工程规模宏大，巴颜喀拉山地区多发地震，地质地理环境特殊，为能对此区的地质构造条件有个整体性认识，并由此研究其调水的可能性。1989～1993年原地矿部响应原国家计划委员会的要求，组织相关单位开展了构造地质、工程地质、水文地质、地震地质、地质地球物理的野外勘查和区域地质构造、构造地球物理、遥感地质、地质构造应力-应变数值模拟等方面的专题研究，为西线工程规划研究提供了区域性、基础性地质资料，为引水工程规划、部署、引水线路比选提供了区域工程地质和区域稳定性评价依据，南水北调实现了西线工程超前期工作区域工程地质及区域稳定性评价区域稳定性和地质构造特征（李长辉，1994；李长辉和戚艳馨，1994）。2001年水利部组织评审通过了黄河水利委员会勘测设计研究院编写的《南水北调西线工程规划阶段工程地质勘察报告》，中国科学院地球物理研究所于1997年承担了规划阶段长洽线的深埋长隧洞CSAMT探测任务。2002年，兰州铁一院在亚尔堂地区做过CSAMT勘探工作。2002年以来，相关石油勘探单位在松潘-阿坝地区开展了油气远景区早期评价，实施了MT、重力、磁法、反射地震等野外勘探和研究工作。2003年和中国科学院地球物理研究所分别开展过西线一期工程阿柯河东段和玛柯河—贾曲段引水隧洞可行性研究（An et al.，2012；底青云等，2014，2006，2005）。根据已有工作，本区岩石物性特征如下。

电性特征：第四纪覆盖层电阻率为$n\times10\Omega\cdot m$；完整砂岩电阻率为4000～5000Ω·m；砂板岩互层电阻率为1000～2000Ω·m；灰岩电阻率为2000～3000Ω·m；新近系砂卵石层电阻率为300～800Ω·m。

磁性特征：三叠系上统杂谷脑组细砂岩平均为8×10^{-5}SI，扎尕山组细砂岩、板岩为12×10^{-5}SI，中统扎尕山组为4×10^{-5}SI，酸性火成岩为10×10^{-5}SI，闪长岩为100×10^{-5}SI，超基性岩为$n\times100\times10^{-5}\sim n\times1000\times10^{-5}$SI。

3. 地质解释

使用CSAMT可视化处理解释软件对原始数据进行处理，首先对资料分析，根据数据质量进行去噪处理；然后利用汉宁窗空间滤波器进行空间滤波及平移法进行静态校正处理，以消除近地表电性结构横向不均匀性的影响；再利用全频域视电阻率法进行近场校正；此外，还利用二维有限元方法进行地形改正；最后对数据进行全剖面试错法圆滑反演成像。具体实现过程这里不再赘述。

西线一期工程玛柯河—贾曲段断面结果见图4.6，综合分析电性结果和地表地质开展综合解释，划定了3条断层和5条破碎带，分析了地层和不良结构体的含水性和富水性（表4.1）及对隧道工程潜在的影响。解释结果如下。

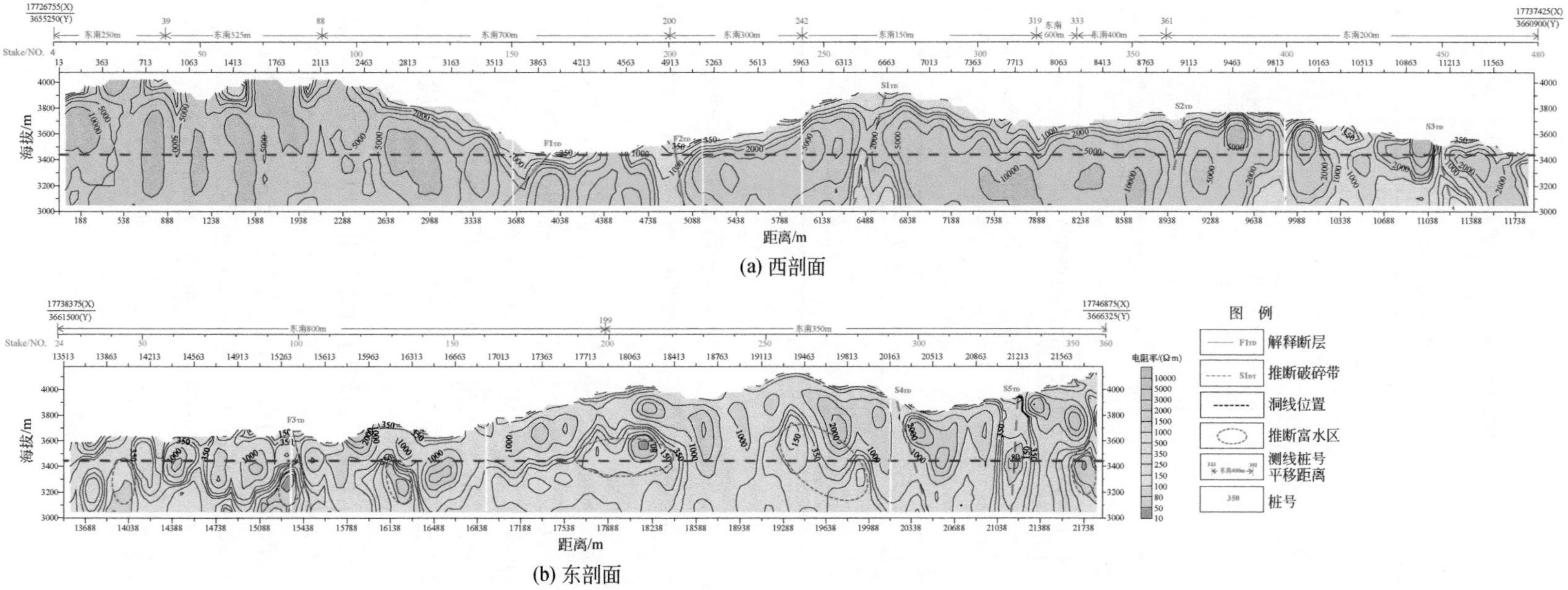

(a) 西剖面

(b) 东剖面

图 4.6 南水北调西线一期工程玛柯河—贾曲段CSAMT解释结果图

表 4.1　含水性分析表

<table>
<tr><th>剖面</th><th>地层/构造</th><th>位置</th><th>描述</th><th>含水性</th></tr>
<tr><td rowspan="3">西剖面</td><td rowspan="2">地层</td><td>4 ~ 150 号桩
210 ~ 400 号桩</td><td></td><td>基本不含水</td></tr>
<tr><td>150 ~ 210 号桩
400 ~ 480 号桩</td><td>地层完整、阻值中等，含水结构与地层层理、裂隙有关</td><td>弱含水</td></tr>
<tr><td>$F2_{TD}$</td><td>200 号桩</td><td>断层，发育在富水地段中</td><td>一定含水性</td></tr>
<tr><td rowspan="6">东剖面</td><td rowspan="3">地层</td><td>160 ~ 360 号桩</td><td>地层完整、阻值中等，含水结构与地层层理、裂隙有关</td><td>弱含水</td></tr>
<tr><td>若曲河至 98 号桩</td><td>低阻结构特征明显</td><td>含水较明显</td></tr>
<tr><td>98 ~ 160 号桩</td><td>低阻带具规模，其上界可能和潜水面相当，含钙质地层，在隔、透水层组合中发育含水层，应给予注意</td><td>含水较明显地段</td></tr>
<tr><td>$F3_{TD}$</td><td>98 号桩</td><td>断层，发育在富水地段中</td><td>一定含水性</td></tr>
<tr><td>$S4_{TD}$</td><td>295 号桩</td><td rowspan="2">破碎带</td><td>一定富水性</td></tr>
<tr><td>$S5_{TD}$</td><td>332 号桩</td><td>一定富水性</td></tr>
</table>

1）西剖面

4 ~ 150 号桩段。该段电阻率值为 4000 ~ 5000Ω · m，结构电性表现为厚层状特征。该段无断裂、破碎导致的低阻和电性不连续等异常，反映该段地层岩石质量好、结构稳定。

150 ~ 210 号桩段。该段电阻率值中等，一般为 1000 ~ 2000Ω · m，反映砂板岩互层的结构特点。其中，164 号桩附近为沃央沟，存在小尺度电性不连续界面，根据地质特征解释为 $F1_{TD}$。断层西倾，倾角约 50°。该断层异常范围较小，反映该断裂规模不大。200 号桩附近存在电阻率阻值变化界面，解释为断层 $F2_{TD}$。断层东倾、较陡，存在不同程度的破碎，在施工中应防范围岩破碎引起的塌落等危险。

210 ~ 400 号桩段。该段地层表现为相对高阻、厚层结构，电阻率值为 4000 ~ 5000Ω · m，解释为砂岩为主夹少量板岩，岩性较完整，施工条件较好。在 270 号桩附近，存在一条西倾的低阻带，解释为破碎带 $S1_{TD}$。在 361 号桩的电阻率界面，解释为一条规模较小的破碎带，和剖面小角度相交，编号 $S2_{TD}$。

400 ~ 480 号桩段。该段地层电性特征表现为中高–中低阻相间，电阻率值为 1000 ~ 2000Ω · m，应为一套薄互层结构，泥板岩成分较多。450 号桩点附近有一定破碎显示，记为 $S3_{TD}$。

2）东剖面

东、西剖面间隔1625m。

24～98号桩段。该段电性特征表现为浅表高阻、深部较低阻，分析为新近系砂卵石层，下伏砂、泥质板岩薄互层。由于若曲河谷影响导致地层富水，显示为低阻。

98～160号桩段。该段地层的电性特征表现为中高阻夹低阻。在98号桩附近存在一电性间断面，解释为断层$F3_{TD}$。该断层东倾，电阻率等值线特征反映规模不大，影响带也不甚宽，但两侧地层电性却差异很大，应是一个区域内地质结构影响较大的断层，阿坝区域地质图描述在该段有断层F3存在。断层$F3_{TD}$以东至160号桩地层倾角较大，并夹有灰岩层，本段相对富水。

160～290号桩段。该段电性特征表现为中高阻夹低阻，且电阻率层状结构明显、中夹多个低阻异常圈闭，应为具砂板岩互层特征的地层段。剖面中，165号桩至210号桩间、255号桩附近，在洞线位置存在多处低阻异常。经分析，这些低阻异常与地层产状一致，解释为富泥质板岩夹砂岩地层；在板岩的隔水作用下，上层面富水，施工中应给予注意。

290～360号桩段。该段地层电性特征为厚层结构的中高阻夹低阻。在295号桩附近，存在一东倾的电阻率变化界面，影响带不宽，但下延深度较大，解释为破碎带$S4_{TD}$。326号桩附近近直立的电阻率低阻异常，其地形地貌与该处的山谷小溪对应，解释为破碎带$S5_{TD}$。破碎带S_{TD4}和S_{TD5}倾角较大，施工中应注意岩石破碎、坍塌等灾害。

4.2　隧道掌子面瞬变电磁超前预报

4.2.1　隧道超前地质预报现状

在我国尤其是西部多为高山峻岭地区，未来我国的特大城市北京、上海等土地资源稀缺，拓展城市地下空间是发展趋势，需要修建大量的隧道（隧洞）及地下工程。特别是在川藏铁路建设中，将会遇到较为复杂的地质环境条件，如碳酸盐分布地区的岩溶、暗河、岩溶陷落柱，高地应力区的岩爆。另外，煤系地层中的煤与瓦斯突出，复杂的地质构造及地下水突涌、塌方、大变形等地质灾害严重影响隧道施工安全。

随着我国铁路、公路运输、隧道及水电建设南水北调引水隧洞建设的加快，由于隧道（洞）的勘察设计时间短，施工时间密集，在隧道工程建设开发前，难以完成详细的岩土工程地质勘察，目前的地面地质勘察工作只能查清地表和有限埋深内的不良地质和水害隐患，而隧道埋深较大时，其沿线的岩溶发育情况、断层破碎带情况、地下暗河等情况往往难以查清。目前的钻探手段既贵又费时，只能选择有限的关键点进行钻探，很难准确全面地探明整座隧道工程地质、水文地质等条件，很难查明所有的不良地质作用。因此隧道建设工程的实施中开展对掌子面前方的超前地质预报技术的应用迫在眉睫。

为了对掌子面前方的潜在含水体进行识别和定位，地质雷达法 GPR 和 TEM 被引入到隧道超前地质预报领域。地质雷达法是一种常用的工程地球物理探测方法，较早被用于隧道超前地质预报领域。例如，1984 年美国学者 Benson 等在北卡罗来纳州 Wilmington 西南部的一条军用铁路里用地质雷达进行了超前预报工作；再如 1986 年铁道部隧道工程局在南岭隧道探查和处理岩溶过程中，曾用雷达和瑞利面波法对掌子面前方地质开展探查试验；1992 ~ 1993 年水电部贵阳勘测设计院物探队在锦屏二级电站 5km 勘探洞施工中用地质雷达对不良地质进行超前预报工作。地质雷达对含水体响应较敏感，使用方便，应用较广泛，但其探测距离短（20m 左右），主要用于短距离探查。目前国内外主要的地质雷达品牌有美国 GSSI 的 SIR 系列地质雷、瑞典 MALA 的 RAMAC 系列、加拿大 SSI 的 EKKO 系列、意大利 IDS 的 SIR 系列、拉脱维亚雷达系统公司的 ZOND 系列以及中国的中国矿业大学（北京）、青岛电波所、中国科学院电子学研究所等单位的自主产权地质雷达等。由于钻孔雷达具有高分辨率、高定位精度的优势，20 世纪 80 年代初开始，国际上许多机构开始研究钻孔地质雷达探测技术。对于隧道超前探测单孔反射方式更适合，单孔雷达可探明钻孔周围约 10m 半径范围内的地质情况，是对超前钻探的有效扩展。但由于电磁波传播的全方向性，单孔反射雷达可给出目标体的深度、距离等信息，但不能给出目标体的方位角，即无法定向。美国加利福尼亚大学、荷兰 T&A Survey 公司、前联邦德国的地球和自然资源研究所（Bundesanstalt für Geowissenschaften und Rohstoffe，BGR）、瑞典 MALA Geoscience 公司等在单孔定向雷达理论和仪器方面开展了研究，但一直未能很好解决该问题。定向发射、定向接收是解决该问题的主要思路和途径，适用于千米级钻探的钻孔定向雷达是今后的研发重点和国际热点。

4.2.2 地球物理超前地质预报中存在的问题

人们从 20 世纪 50 年代开始重视隧道超前地质预报的作用和应用实践，70 年代开始注重隧道施工过程中超前地质探测理论、技术研究及工程实践工作。在 1972 年美国芝加哥召开的快速掘进与隧道工程会议上，隧道超前地质预报工作得到关注，之后日本、德国、法国、瑞士等国家先后把隧道超前地质预报列入研究计划。国内从 20 世纪 50 年代开始进行隧道超前地质预报技术的研究与应用，先后采用超前地质导坑、水平超前钻探等方法进行超前地质预报，同时结合掌子面地质揭露情况推断前方可能存在的不良地质。

从 20 世纪 70 年代末和 80 年代初开始探索和研究用物探方法开展隧道中地质预报的工作。我国隧道超前地质预报技术经历了跟踪引进、自主研发和创新引领的发展过程。进入 2000 年以来，隧道超前地质预报工作开始进入规范化和快速发展阶段，逐步成为隧道施工过程中必不可少的一项工作。目前国内外使用的 TSP 隧道地震波超前地质预报系统、地震反射负视速度法、陆地声呐均属弹性波法中的反射波法等均对直立目标体有明显反映，而对倾斜目标体和折射特征明显的宽大破碎带，特别是对破碎带中是否充有承压水则显得无能为力。地质雷达法对断裂带特别是含水带、破碎带有较高的识别能力，但雷达超前探测的距离较小。

就隧道洞内的地球物理超前探测技术而言，并非地表地球物理勘探技术向地下空间的简单移植。与地表无限半空间探测环境相比，隧道是带有狭长腔体的三维全空间，其观测空间、探测物理场特征、作业环境、干扰分布等均有很大不同。比如：①在三维全空间中，地震波场、电磁场、电场等探测物理场的时空规律有其特殊性，在隧道狭长空间中难以充分观测前方目标体引起的地球物理异常；②隧道结构和支护中钢材较多，施工机械带来的震动和电磁干扰十分严重，以往对这些干扰规律的认知不够清楚，干扰的识别和消减存在困难；③特别是 TBM 掘进环境更为极端，观测空间几乎被 TBM 机械占满，庞大机械系统产生复杂的震动噪声和电磁环境，导致难以获取来自掌子面前方异常体的有效信息，同时 TBM 较快的掘进速度对快速预报乃至实时预报提出了迫切需求。鉴于隧道超前探测的特殊性和复杂性，人们一直致力于观测方式、干扰去除、数据处理、反演解译、探测仪器、工作方法等方面的创新，历经几十年的努力，隧道超前地质预报的技术攻关、仪器开发和工程实践等都得到了长足发展。

4.2.3　隧道超前预报的地球物理前提及研究方向

瞬变电磁场是一种涡流场，在介质中以扩散形式传播。在隧道中工作时，可以沿着隧道方向在已开挖的空间进行观测，以调查隧道顶底面围岩情况，也可以在掌子面上进行观测，以勘察掌子面前方地质结构情况。瞬变电磁法因为不使用接地电极，适合表层为高阻的情况，探测深度较大，对低阻体的探测比较敏感，而且接收探头中接收到的由激发涡流感应出的二次场，不论目标体产状如何，均能收到有用信号，对目标体进行成像。因而可用于隧道水体不良地质体的预报，瞬变电磁法的这些特点无疑给隧道超前地质预报展示了美好的发展前景。

瞬变电磁法在隧道超前预报实践中的应用还较少，还存在以下方面的不足：

完善全空间电磁探测理论。现有的瞬变电磁法中视电阻率的表达式是在均匀半空间条件下推得的，在隧道腔体内探测情况下，视电阻率表达式必须在隧道腔体全空间条件下重新推导。深入研究多匝小发射线圈的全空间电磁响应机制。在超前预报时，一般采用多匝小发射线圈大电流的工作方式，使得接受线圈中的互感较大，增加了不确定性，有必要开展深入的理论方法研究。此外，隧道掌子面前方空间多源噪声的高效去除方法、探测数据的精细处理等技术也需要提高。

在隧道和地下工程领域，电阻率法和激发极化法（Induced Polarization，IP）可分为定点源三极测深类和聚焦探测类。定点源三极测深类方法在较理想条件可以探测掌子面前方的不良地质结构，在较复杂环境下难以屏蔽测线附近的旁侧异常干扰，该问题一直未能很好地解决。很多学者开始探索新的隧道超前探测方法，近年来聚焦类探测方法得到人们的关注。山东大学结合聚焦和测深的优势，提出了适用于隧道超前探测的聚焦测深型观测装置，发明了用于掌子面前方含水体定位和水量估算的激发极化超前探测方法 TIP（Tunnel Induced Polarization），并自主研发了探测仪器，在成兰铁路、吉林引松供水工程、陕西引汉济渭等工程中取得了较好的应用效果。德国研发的 BEAM（Bore-tunneling Electrical Ahead Monitoring）技术是一种用于隧道前方含水情况探测的频率域聚焦电法，分为单点聚焦和多点聚焦两类。但 BEAM 依靠正演数值模拟确定的解译标准来定位，在实际中需要跟随掌子面推进叠加重复探测来定位，实质上某一异常体的地电响应取决于异常体的位置、电阻率幅值、异常体的大小形态、干扰信息等多种因素，而异常体的位置不是唯一影响因素，所以 BEAM 定位并不理想，在实际应用中遇到不少问题。聚焦探测类方法仅在掌子面轮廓上布置屏蔽电极系统探测距离较短，难以对异常体的空间位置做出判断，目前还未见到工程应用案例的报道。此外，Schaeffer 和 Mooney（2016）在考虑 TBM 等施工机械干扰的工况下，测试了不同基本电极装置下的电场响应。Park 等（2016）利用在掌子面安装有限的几个电极预测掘进面前方 1m 的不良地质。

除了激发极化技术，核磁共振探测（Magnetic Resonance Sounding，MRS）也被认为是一种定量探水的方法。MRS 通过施加与水中氢质子自旋频率相同的交变电磁场进行激发，并在关断后观测地下水中产生的自由衰减（free induction decay，FID）信号实现对地下水存在的直接感知和地层含水特性的定量解释。FID 信号初始振幅与地层含水量直接相关，而其衰减的弛豫时间可用于估计地层渗透率和导水系数。自 20 世纪 90 年代以来，MRS 以在地下水勘察及其相关领域快速成熟并广泛应用。在隧道超前预报领域，MRS 方法的优势不仅受制于狭小的观测空间，且曾因其微弱的信号强度（10-9 ~ 10-6V）被一度忽视。Greben 等曾基于数值模拟得出了 MRS 信号太小以致难以进行地下工程探测的结论。针对隧道 MRS 超前预报这一重大难题，吉林大学于 2013 年提出了地下核磁共振探测（Underground Magnetic Resonance Sounding，UMRS）方法，并后续系统研究了 MRS 在地下工程灾害预报中的装置形式、响应特征及解释方法，在工程验证中取得了较好的应用成果。

除了上述技术，红外探水、岩体温度法也被用于探测掌子面前方的含水体等地质异常，这类技术通过测量分析隧道内温度场分布来判别含水体。

值得注意的是，为了适应隧道超前地质预报精细化探测的需求，钻孔探测技术被引入隧道超前地质预报领域。从观测方式来分，钻孔探测可分为跨孔层析成像方式、孔–面对穿方式、单孔探测方式。按照探测方法原理来分，钻孔探测可分为钻孔电阻率探测技术、钻孔地震探测技术、钻孔瞬变电磁技术、钻孔地质雷达探测技术等。山东大学在青岛地铁 R3 线施工隧道中进行了钻孔电阻率成像方法的应用研究，有效探明了隧道前方的不良地质，开挖结果与勘探结果相符。钻孔探测技术具有探测精度高的优势，代表了隧道精细化探测的发展趋势，可较好地弥补由于超前钻探“一孔之见”带来的问题。

4.2.4　全空间瞬变电磁场三维时域有限差分数值模拟

1. 全空间瞬变电磁场三维时域有限差分基本原理

1）麦克斯韦方程组及其差分离散

瞬变电磁场的正演数值模拟是对瞬变电磁探测资料推断解释的基础，时域有限差分法是瞬变电磁场三维数值模拟的主要方法。时域有限差分法采用的网格单元如图 4.7 所示，这样的离散方式使突变面上场分量的连续性条件自然得到了满足。受稳定性条件的限制，直接采用麦克斯韦方程的差分形式对瞬变电磁场计算将耗费大量的时间，在普通计算机上难以完成。为了采用时域有限差分法对瞬变电磁场进行计算，Wang 和 Hohmann（1993）对麦克斯韦方程组进行了准静态近似处理

$$\nabla\times E=-\frac{\partial B}{\partial t} \tag{4.2}$$

$$\nabla\times H=\sigma E+\gamma\frac{\partial E}{\partial t} \tag{4.3}$$

$$\nabla\cdot B=0 \tag{4.4}$$

$$\nabla\cdot J=0 \tag{4.5}$$

式中，E 为电场强度；B 为磁感应强度；H 为磁场强度；σ 为介质电导率；J 为传导电流密度；γ 为虚拟介电常数。虚拟介电常数的引入使在计算晚期场时可以放宽对时间步长的要求。

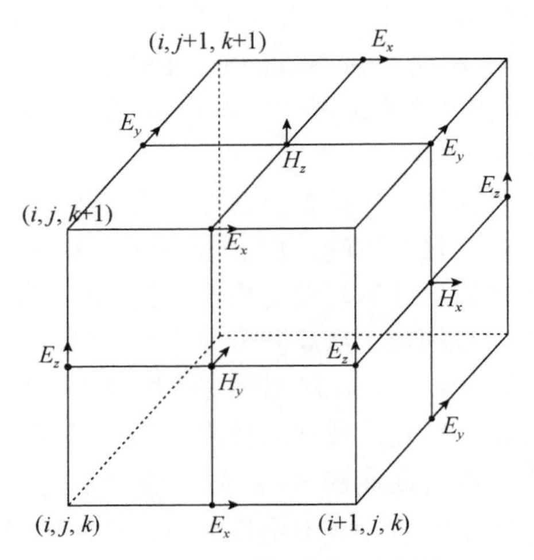

图 4.7　Yee 单元网格示意图

将式（4.4）的约束条件加入式（4.2）中，可得到磁场的分量形式为

$$\begin{cases} -\dfrac{\partial B_x}{\partial t}=\dfrac{\partial E_z}{\partial y}-\dfrac{\partial E_y}{\partial z} \\ -\dfrac{\partial B_y}{\partial t}=\dfrac{\partial E_x}{\partial z}-\dfrac{\partial E_z}{\partial x} \\ \dfrac{\partial B_z}{\partial z}=-\dfrac{\partial B_x}{\partial x}-\dfrac{\partial B_y}{\partial y} \end{cases} \tag{4.6}$$

将式（4.3）写成分量形式为

$$\begin{cases} \gamma\dfrac{\partial E_x}{\partial t}+\sigma E_x=\dfrac{\partial H_z}{\partial y}-\dfrac{\partial H_y}{\partial z} \\ \gamma\dfrac{\partial E_y}{\partial t}+\sigma E_y=\dfrac{\partial H_x}{\partial z}-\dfrac{\partial H_z}{\partial x} \\ \gamma\dfrac{\partial E_z}{\partial t}+\sigma E_z=\dfrac{\partial H_y}{\partial x}-\dfrac{\partial H_x}{\partial y} \end{cases} \tag{4.7}$$

将式（4.6）和式（4.7）采用差分离散就可以得出无源区域电场和磁场的迭代方程（Wang and Hohmann，1993）。

2）回线源的加载

以上为无源区域的方程，只能用于发射电流关断之后场的计算，在供电期间和发射电流关断期间，需要对发射回线所在位置及其附近的电磁场进行计算。在有源区域式（4.3）可写为

$$\gamma \frac{\partial E}{\partial t}+\sigma E+J_{s}=\nabla\times H \tag{4.8}$$

式中，$J_s(r,t)$为源电流密度，式（4.8）为发射源所在位置的场需要满足的方程。根据Yee单元模型，将发射电流置于电场所在位置，即可利用式（4.8）的差分形式对回线源产生的瞬变电磁场进行计算。

3）边界条件

在采用计算机对瞬变电磁场进行有限差分模拟时，由于计算机模拟的空间是有限的，必须采用适当的边界条件消除截断边界对计算结果的影响。目前，在瞬变电磁场数值模拟中采用的边界主要为Dirichlet边界条件，Dirichlet边界条件的施加需要足够大的网格空间，而网格空间的增大需要增加网格数量，网格数量的增加将导致计算量的大量增加。Kuzuoglu和Mittra（1996）提出了复频移完全匹配层（CFS-PML）的概念，之后Roden和Gedney（2000）出了在FDTD中实现CFS-PML的方法，称为卷积完全匹配层（CPML）。CPML边界除了具有PML吸收边界的性能外，还能对晚期低频场进行有效吸收，该边界条件较适合于瞬变电磁场的计算。

在有耗介质中，伸缩坐标中的麦克斯韦方程组的频域形式为（Chew and Weedon，1994）

$$\nabla_{s}\times\boldsymbol{H}=\sigma\boldsymbol{E}+j\omega\gamma\boldsymbol{E} \tag{4.9}$$

$$\nabla_{s}\times\boldsymbol{E}=-j\omega\boldsymbol{B} \tag{4.10}$$

式中，j为虚数单位；σ为截断区域中介质的电导率；ω为电磁场角频率，式中采用虚拟介电常数γ代替了实际介电常数；∇_s算子为

$$\nabla_{s}=\vec{x}_{0}\frac{1}{s_{x}}\frac{\partial}{\partial x}+\vec{y}_{0}\frac{1}{s_{y}}\frac{\partial}{\partial y}+\vec{z}_{0}\frac{1}{s_{z}}\frac{\partial}{\partial z} \tag{4.11}$$

将式（4.11）代入式（4.9）得

$$\begin{cases}\dfrac{1}{S_{y}}\dfrac{\partial H_{z}}{\partial y}-\dfrac{1}{S_{z}}\dfrac{\partial H_{y}}{\partial z}=\sigma E_{x}+j\omega\gamma E_{x}\\[2ex]\dfrac{1}{S_{z}}\dfrac{\partial H_{x}}{\partial z}-\dfrac{1}{S_{x}}\dfrac{\partial H_{z}}{\partial x}=\sigma E_{y}+j\omega\gamma E_{y}\\[2ex]\dfrac{1}{S_{x}}\dfrac{\partial H_{y}}{\partial x}-\dfrac{1}{S_{y}}\dfrac{\partial H_{x}}{\partial y}=\sigma E_{z}+j\omega\gamma E_{z}\end{cases} \tag{4.12}$$

式中，S_x、S_y、S_z为坐标伸缩因子。

将式（4.11）代入式（4.10）得

$$\begin{cases}\dfrac{1}{S_y}\dfrac{\partial E_z}{\partial y}-\dfrac{1}{S_z}\dfrac{\partial E_y}{\partial z}=-j\omega B_x\\ \dfrac{1}{S_z}\dfrac{\partial E_x}{\partial z}-\dfrac{1}{S_x}\dfrac{\partial E_z}{\partial x}=-j\omega B_y\\ \dfrac{1}{S_x}\dfrac{\partial E_y}{\partial x}-\dfrac{1}{S_y}\dfrac{\partial E_x}{\partial y}=-j\omega B_z\end{cases}\tag{4.13}$$

式（4.9）和式（4.10）为频域方程，采用卷积递归算法可将它们转换为时域形式差分形式（Roden and Gedney，2000）。采用上述方法并在全空间模型外围6个截断边界处施加CPML作为边界即可对全空间瞬变电磁场进行计算。

2. 典型地质构造一维/三维模拟

隧道（洞）前方赋存的断层、破碎带、软弱地层、岩溶等不良地质体，是隧道安全掘进过程中的重大隐患。为了了解应用不同致灾体的瞬变电磁响应，我们设计了隧道中充水断层、裂隙，隧道中充水、充泥破碎带，干燥断层与破碎带，隧道中充水溶洞4个不同的地电模型进行模拟计算。

1）隧道中充水断层、裂隙的数值模拟

隧道内充水断层、裂隙的地电模型可以等效为低阻薄层。图4.8为隧道全空间模型，全空间电阻率为100Ω·m，隧道掌子面大小为6m×6m，其电阻率为10000Ω·m，在隧道掌子面前方100m外有一低阻夹层，在低阻夹层厚度 h_2 不同情况下（5m、10m、15m、20m、25m、30m）（图4.8），采用重叠回线方式进行观测，对这些地电模型进行一维数值模拟。

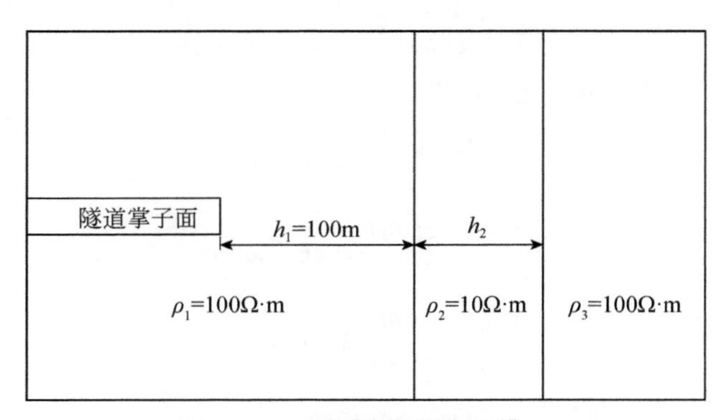

图4.8　不同厚度低阻夹层模型

图4.9给出了不同厚度夹层情况下，经过正演计算，由重叠回线测得的 ρ_τ 与 t 关系曲线。

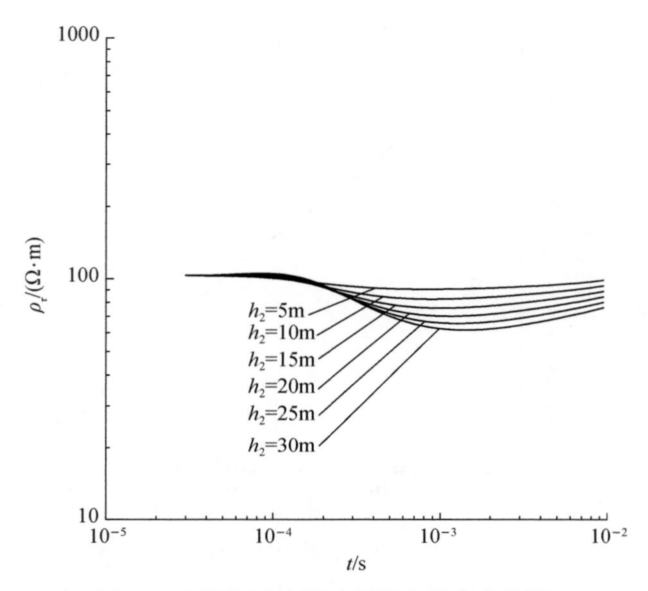

图 4.9　不同厚度低阻夹层视电阻率曲线图

图 4.9 为不同厚度夹层情况下的 ρ_τ 与 t 关系曲线簇。图中可以看出，视电阻率曲线呈现“H”形，反映了地电模型的视电阻率。可以看出，随着中间层厚度的不断变薄，电阻率曲线后半部分反映出来的异常范围越来越难以分辨。

2）隧道中充水、充泥破碎带的数值模拟

充水、充泥破碎带地电模型可以等效为低阻厚层。图 4.10 为低阻厚层模型，全空间电阻率为 100Ω · m，隧道掌子面大小为 6m×6m，其电阻率为 10000Ω · m，在隧道掌子面前方 100m 外有一厚度为 30m 的低阻夹层，对该地电模型进行一维正演计算。计算结果如图 4.11 和图 4.12 所示。

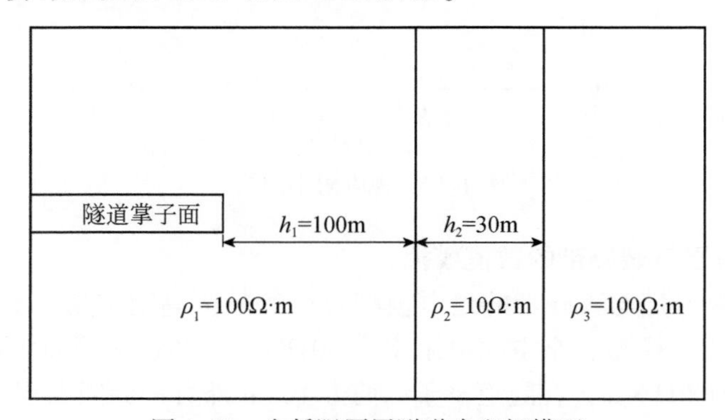

图 4.10　含低阻厚层隧道全空间模型

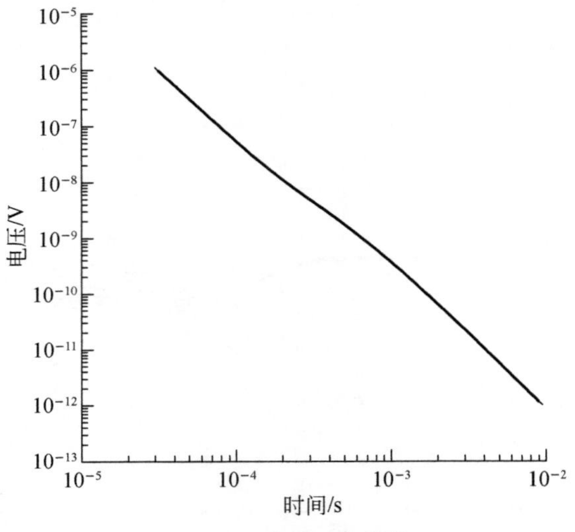

图 4.11　衰减电压曲线

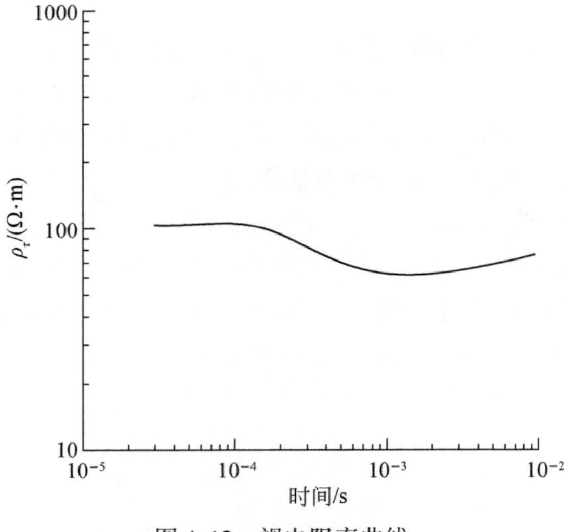

图 4.12　视电阻率曲线

3）干燥断层与破碎带的数值模拟

隧道内干燥断层与破碎带的地电模型可以等效为高阻夹层。图 4.13 为含高阻夹层隧道全空间模型，全空间电阻率为 30Ω · m，隧道掌子面大小为 6m×6m，其电阻率为 10000Ω · m，在隧道掌子面前方 100m 外有一高阻夹层，在高阻夹层厚度 h_2 不同情况下（5m、10m、20m、30m、50m、90m），对这些不同的地电模型进行一维数值模拟。

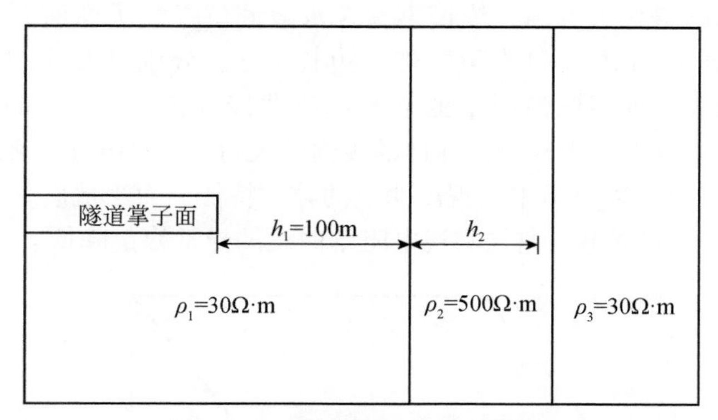

图 4. 13　不同厚度高阻夹层模型

图 4. 14 中给出了不同厚度夹层情况下，经过正演计算，由重叠回线测得的 ρ_τ 与 t 关系曲线。

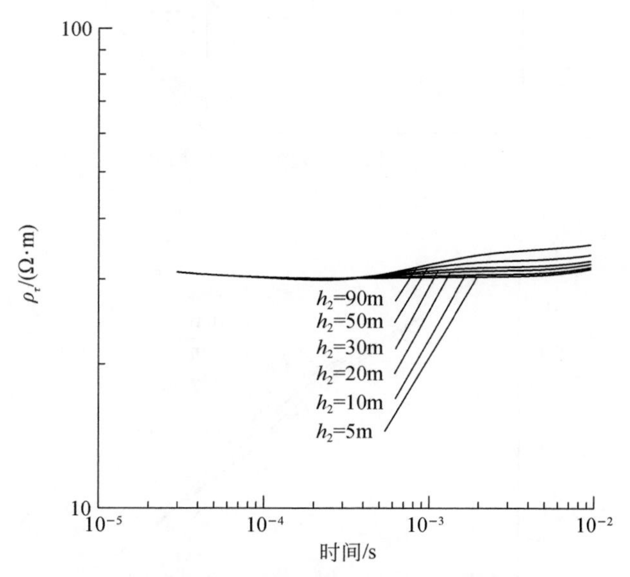

图 4. 14　不同厚度高阻夹层视电阻率曲线图

图中可以看出，随着中间层厚度的不断变薄，电阻率曲线后半部分反映出来的异常范围越来越难以分辨。当 h_2 为 10m、5m 情况下，曲线上基本上不能分辨出异常存在。

4）隧道中充水溶洞的数值模拟

图 4.15 为隧道含水溶洞三维模型，含水溶洞位于掌子面前方 40m，其形状为立方体，假设立方体各向均匀同性，边长为 L，分别计算了这长 L 为 30m、40m、50m、60m 四种不同情况下的衰减电压曲线（图 4.16）和视电阻率曲线（图 4.17）。可以看出，当地质目标体的规模较大时（L=60m），衰减电压曲线和视电阻率曲线在双对数坐标中表现出明显的异常特征，而当地质目标体的规模较小时（L=30m），衰减电压曲线和视电阻率曲线的异常幅值降低。

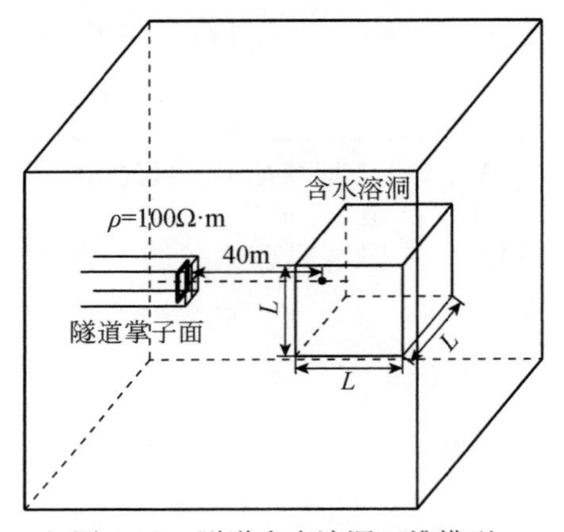

图 4.15　隧道含水溶洞三维模型

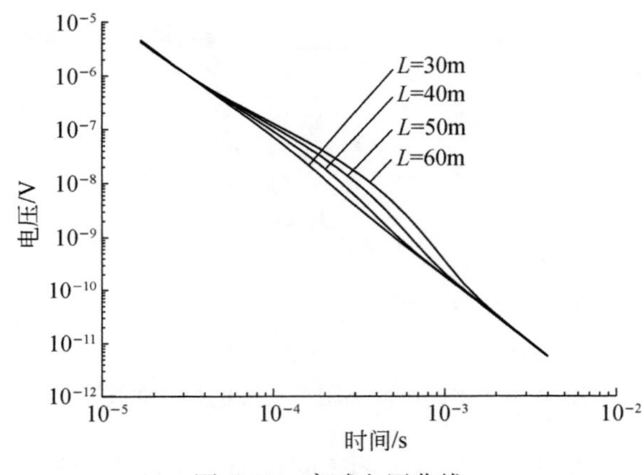

图 4.16　衰减电压曲线

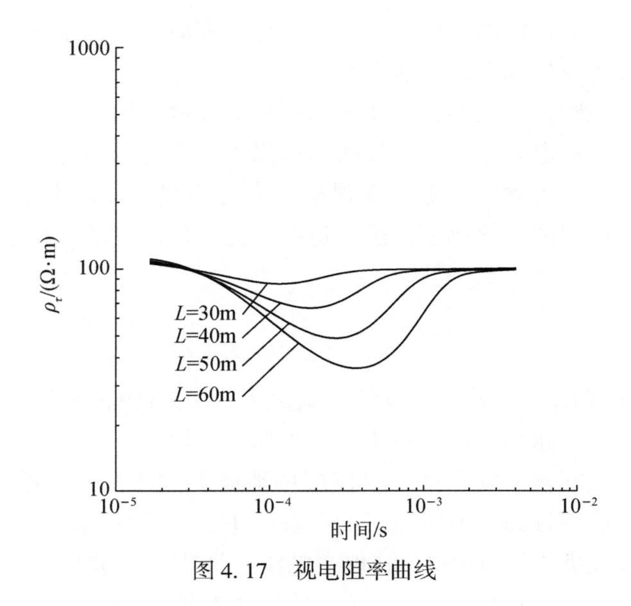

图 4.17　视电阻率曲线

4.2.5　辽宁省大伙房水库引水隧道瞬变电磁超前预报实例

辽宁省大伙房水库输水工程是一项由辽宁东部调水至中部，以供城市工业用水和生活用水的重要工程。由于桓仁段断层及岩石节理的发育，硐室设计埋藏深度较浅，使得地表水与地下开挖隧洞及隧洞设计线路岩体的水力联系密切。根据已有资料以及部分隧洞开挖结果，认为隧道掌子面前方可能存在涌突水、突泥、塌方等不良工程地质问题。采用瞬变电磁法对 8 号洞下游（DK18+733m）、4 号洞下游（DK8+823m）、9 号洞上游（DK20+008m）、7 号洞下游（DK15+724m）分别进行了掌子面超前预报，预报距离为 30m；探测掌子面前方含水构造，对掌子面前方突水、涌水情况做出预测。以期对掌子面前方一定范围内的水体病害做出评价，为施工方开挖提供地球物理参考依据。

工程区位于辽东地区抚顺市新宾县至本溪市桓仁县之间，即大伙房水库上游的苏子河—桓仁水库之间。研究区处于长白山脉的南延部分，山体走向 NE，整体地势为北高南低。本区位于中朝准地台胶辽台隆之上，古老的基底地层广泛出露，包括太古宇鞍山群、古元古界、新元古界、古生界、中生界、新生界第四系等。受庄河–桓仁断裂的控制，使总体断裂构造比较发育。断层多为压扭性断层，破碎带由断层泥、构造片岩、构造角砾、碎裂岩、全风化大理岩组成，断层物质胶结较差，岩石破碎程度较高。由于经过多次构造运动，岩体断裂与裂隙发育，风化严重。由于山高沟深林密，雨量补给充足，浅部岩石裂隙发育，垂直向下排泄到地面河上，形成较好的水循环条件。开挖硐室后，浅部水向下渗流，在掌子面上形成线流或者发生涌水的可能性较大。

据以往工作经验及其他类似工作地区资料处理解释情况可知：当掌子面前方存在含水构造时，视电阻率呈低值反映，如果不存在含水构造时，岩体呈现高阻特性。充泥破碎带或者含水裂隙会在视电阻率等值线断面图上出现等值线突变，不连续。根据等值线的变化形态，进行追踪对比，可以对掌子面前方含水不良地质体做出推断。

1. 工作方法

TEM 方法主要用作掌子面前方地质缺陷及含水结构精细探测的地球物理手段。目前掌子面前方超前地质预报主要有地质类方法、物探类方法、水平钻探法三大类。由于地质问题的复杂性，仅仅应用地质类方法预报的准确性往往较低。超前钻探虽然准确率较高，但对施工的干扰严重，而且预报距离十分有限。物探类方法又分为地震类方法（TSP、陆地声呐法、地震反射波层析成像法等）和电法类（地质雷达、高密度电法等），从应用角度看地震类方法对与水有关的地质缺陷预报不如电法类方法有效。然而地质雷达法探测水平距离过短，在掌子面上的高密度电法其直流性质不易确定地质缺陷的三维特性，并且这一方法受到接地条件的限制。

瞬变电磁法属时间域电磁感应方法。其探测原理是：在发送回线上供一个电流脉冲方波，在方波后沿下降的瞬间，产生一个向掌子面前方传播的一次磁场，在一次磁场的激励下，地质体将产生涡流，其大小取决于地质体的导电程度，在一次场消失后，该涡流不会立即消失，它将有一个过渡（衰减）过程。该过渡过程又产生一个衰减的二次磁场向掌子面传播，由接收探头接收二次磁场，该二次磁场的变化将反映地质体的电性分布情况。如按不同的延迟时间测量二次感生电动势 $V(t)$，就得到了二次磁场随时间衰减的特性曲线。当不存在良导体时，将观测到快速衰减的过渡过程；当存在良导体时，由于电源切断的一瞬间，在导体内部将产生涡流场，电磁场的衰变速度将变慢，据此可推断良导体的位置。

2. 仪器及装置

工作使用仪器为长沙白云仪器厂研制的 MSD-1 型瞬变电磁测深仪，它是一种便携式宽时窗范围智能化的通用型仪器，该仪器采用高精度宽带程控运算放大器，高速十六位模数转换器，高速双口随机存贮器等进口先进器材，并利用双极性同步采样，对工频进行相干采样，对弱信号多点平均，信号累加，瞬态干扰剔除等多种数据处理方法，可以获得较好的勘探数据，该仪器收发一体化，轻便小型，特别适合于地下超前地质探测和复杂地区情况下的工程地质与水文地质勘探，可以快速地进行面积测量扫描工作。

仪器性能指标如下：

发射供电电压为 12～48V；记录时间为 0.008～864ms；发送电流为 1～20A；叠加次数为 32～2048 次；测道数为 40；存储容量为 2048 个测点；传输接口为 RS-232C；传送速度为 28.8kb/s；显示 240×128 点阵液晶屏；外形尺寸为 340mm×240mm×150mm；重量为 6kg。工作中采用 225Hz 发射（各测道中心时间如表 4.2所示）。

表 4.2　225Hz 发送频率中心时间表　　（单位：μs）

道号	时间	道号	时间	道号	时间	道号	时间
1	8	11	27.5	21	93	31	318
2	9	12	31	22	105	32	359
3	10	13	35	23	119	33	406
4	11.5	14	39.5	24	134	34	459
5	13	15	44.5	25	152	35	519
6	15	16	50.5	26	172	36	587
7	16.5	17	57	27	194	37	664
8	19	18	64.5	28	220	38	751
9	21.5	19	73	29	249	39	849
10	24	20	82.5	30	281	40	960

图 4.18 为瞬变电磁法观测系统图示。发送线圈为多匝线圈，接收部分采用专用屏蔽磁探头，发送线圈和接收磁探头都通过两心视屏电缆连接到仪器上。发射装置与接收装置位于同一机箱内。整个数据采集实现智能化，可视化。

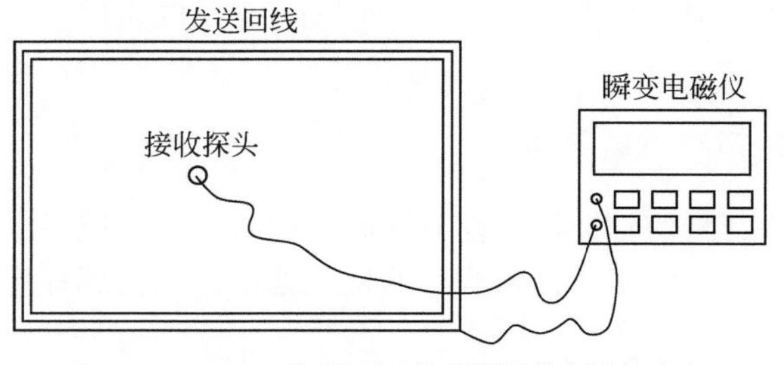

图 4.18　TEM 掌子面超前预报观测装置示意

工作使用的磁探头为 SB-250K(P)磁探头。SB-250K(P) 磁探头谐振频率为

250k±10%，灵敏度大于0.9μV/nT. Hz（小于100kHz频段），由于其谐振频率较高，适用于解决中、浅部地质问题，SB-250K（P）探头具有噪声小、灵敏度高、线性好、重量轻等特点。其指标为：①磁探头的谐振频率为228kHz；②磁探头有效面积为210m²；③磁探头灵敏度为0.969μV/nT. Hz（小于100kHz）；④阻尼特性为临界阻尼；⑤磁探头供电电源为探头内附±11V锂电池，供电电流为±10mA；⑥磁探头外筒为优质PPR塑料，厚度为4.5mm，屏蔽筒为PVC塑料，有一定的机械强度；⑦磁探头尺寸为探头主体直径50mm×长300mm，屏蔽筒直径为75mm，长195mm；⑧重量为1.33kg。

3. 测线布置

本次工作发射线圈为4m×2m×8匝，选用225Hz基频进行工作，发送电压为24V，共40个时间道。瞬变电磁测线布置图如图4.19所示。

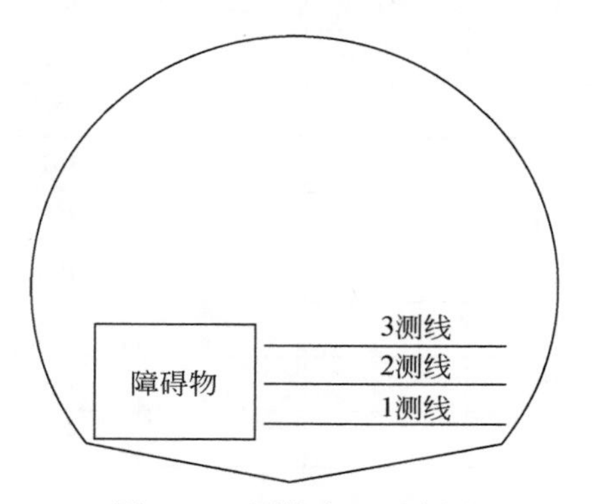

图4.19　测线布置示意图

测线垂直间距为50cm，测点间距为10cm。测线1、2、3的高度分别是50cm、100cm、150cm。由于掌子面障碍物的影响，不能在靠近左壁的掌子面的位置摆放发送线框支架，只能够在右侧4m范围内进行测量。主要进行了磁场垂直分量的观测。

4. 含水不良地质体推断解释

首先对观测的衰减信号进行定性分性和对比，一般情况下，高阻地层的二次感应电压信号弱，衰减数据变化较快，而低阻地层的二次感应电压信号较强，衰减相对较慢。

在本测区，因为工区基岩多为大理岩、石英砂岩等，一般电阻率较高。这一特性在观测曲线上表现为信号快速衰减，曲线尾枝下降较快。在当岩石局部破碎含水后，电阻率明显降低。这一特性在观测曲线上表现为信号较慢衰减，曲线尾枝下降较缓。下面的 7 号洞下游（DK15+724m）不同测点的衰减曲线对比图直观地反映了这一情况（图 4.20）。

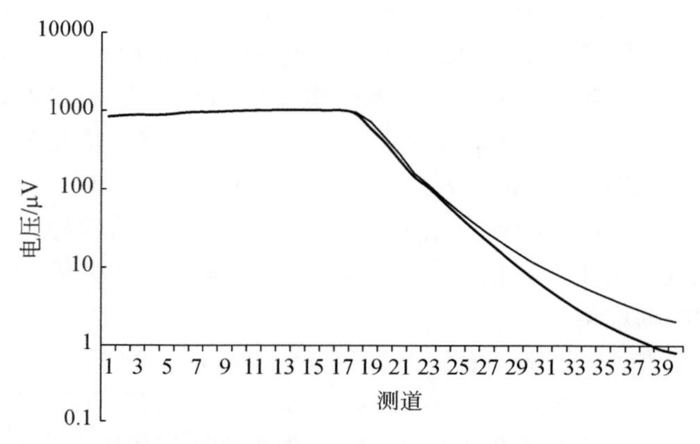

图 4.20　7 号洞下游（DK15+724m）2 线曲线对比图
细线条为 2 线 13 号测点，粗线条为 2 线 28 号测点

1）4 号洞解释成果

4 号洞 TEM 超前预报掌子面位置为 DK8+823m。掌子面位置岩性为硅质石英砂岩，厚层状结构，岩层缓倾，节理发育。掌子面下部岩层较厚，其相对上部中厚岩层而言较完整，节理不发育。掌子面出水点主要集中在上部节理密集岩层中。数据采集时测线间距为 50cm，测点间距为 20cm。共布置了三条测线（图 4.21），测线 1、2、3 距洞底的距离分别为 50cm、100cm、150cm。测线长度为 7m。图 4.21 为根据所采集的数据绘制的 3 测线视电阻率断面图。视电阻率断面图中深度为离掌子面的距离，0 位置为掌子面所在位置。

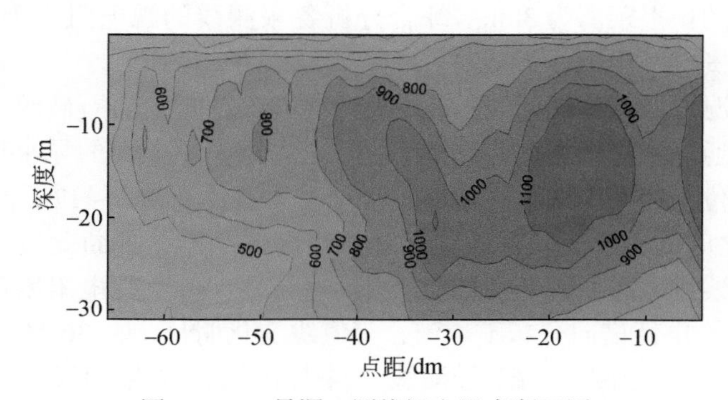

图 4.21　4 号洞 3 测线视电阻率断面图

本次瞬变电磁工作的预报距离为 30m。综合分析各条测线的视电阻率等值线

断面图，结合已知地质资料，得出如下结论：

从整体情况看，测线小号方向的视电阻率值大于大号方向的视电阻率，说明靠近左壁的掌子面比靠近右壁的掌子面的岩石节理发育。在 40 号测点到 60 号测点之间的掌子面前方 17 ~ 25m 的范围内，视电阻率值较低，等值线形成包围圈，推断此处岩石破碎，含水。0 ~ 4m，视电阻率值较低，推断岩石破碎，裂隙发育，含水。4 ~ 15m，视电阻率值较高，推断岩石较完整。依据岩层产出，推断掌子面下部厚层较完整岩层延伸到此位置。15 ~ 30m，电性横向分布不均匀程度加大，4 号到 38 号测点之间视电阻率值较大，推断岩性结构好，不含水；38 号到 66 号测点之间，视电阻率值较小，推断围岩破碎，节理发育，含水。

2）7 号洞解释成果

7 号洞 TEM 超前预报掌子面位置为 DK15+724m。测线间距为 50cm，测点间距为 20cm。共布置了三条测线，测线 1、2、3 距洞底的距离分别为 50cm、100cm、150cm。测线长度为 9. 4m。图 4. 22 为根据所采集的数据绘制的 2 测线视电阻率断面图。视电阻率断面图中深度为离掌子面的距离，0 位置为掌子面所在位置。

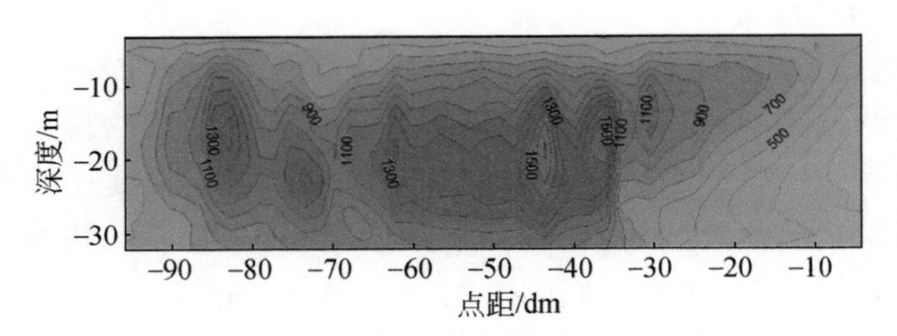

图 4. 22　7 号洞 2 测线视电阻率断面图

本次工作的预报距离为 30m。综合分析各条测线的视电阻率等值线断面图，结合已知地质资料，得出如下结论：

从整体情况看，剖面的两端，视电阻率值较低，推断岩石破碎，可能是掌子面导水的主要通道。靠近右壁的掌子面比靠近左壁的掌子面的导水程度要大。在剖面的中间部位，视电阻率值在横向上变化较大，特别在 5 ~ 17m 范围内，30 号到 90 号测点之间的等值线呈锯齿状。等值线高低交错，推断此段裂隙发育，岩石破碎。等值线视电阻率较低的部位可能导水。0 ~ 8m，视电阻率值较低，推断含水。8 ~ 30m，电性横向分布不均匀，等值线变化明显，在 36 号测线、44 号测线、52 号测线、56 号测线、62 号测线、74 号测线、82 号测线多处出现低阻异常，推断岩石破碎，富含水。

3）8 号洞解释成果

视电阻率断面图中深度为离掌子面的距离，0 位置为掌子面所在位置。综合分析各条测线的视电阻率等值线断面图（图 4.23），结合已知地质资料，得出如下结论：

0～5m，视电阻率值最低。推断岩石较破碎，含裂隙水，与掌子面出水情况基本相同。5～10m，视电阻率值处于与由低向高变化位置，但是相对较低，推断岩石破碎，含裂隙水。10～28m，视电阻率值逐渐增大，推断岩石完整性相对掌子面情况变好，从岩石破碎逐渐过渡到较完整，可能含少量裂隙水。28～40m，岩石较完整，基本不含水。40～60m，视电阻率最大，推断岩石完整，不含水。从横向方向看，在 28 号和 5 号测点位置存在两个低阻异常带，推断为岩石破碎，节理裂隙，富含水。掌子面观察到在上述 2 个测点位置均有节理裂隙存在，28 号测点节理裂隙有黄色水锈，5 号测点位置的节理裂隙有水渗出。

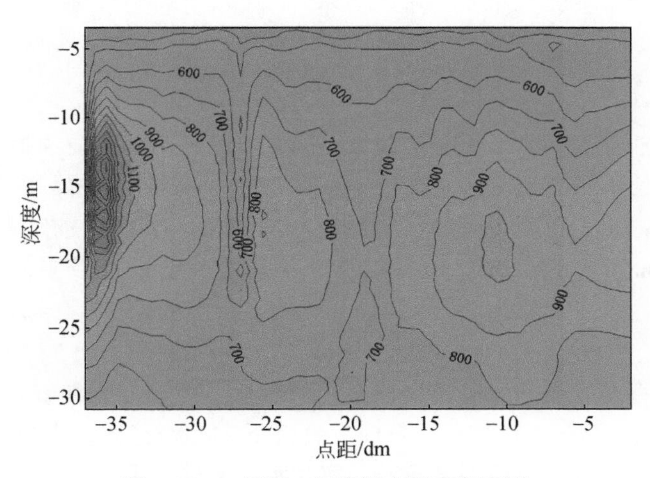

图 4.23　8 号洞 1 测线视电阻率断面图

4）9 号洞解释成果

9 号洞上游 TEM 超前预报掌子面位置为 DK20+008m。掌子面所处位置为断层带，洞内有黄色断层带物质。采集数据时，掌子面有厚混凝土墙，掌子面及附近有多处出水点。测线间距为 50cm，测点间距为 20cm。共布置了三条测线，测线 1、2、3 距洞底的距离分别为 50cm、100cm、150cm。测线长度为 6.6m。图 4.24 为根据所采集的数据绘制的 1 测线视电阻率断面图。视电阻率断面图中深度为离掌子面的距离，0 位置为掌子面所在位置。

本次工作的预报距离为 30m。综合分析各条测线的视电阻率等值线断面图，结合已知地质资料，得出如下结论：

1～3m，视电阻率值特别大，此段电性层主要为混凝土。3～5m，视电阻率值较低，根据掌子面的涌水情况，推断此段富含水。5～20m，电性横向分布不均匀，两侧的视电阻率小于中部的视电阻率。由此推断两侧岩体较中部的岩体更加破碎富含水。20～30m，视电阻率值普遍较低，根据掌子面的出水情况，推断此深度范围内岩石破碎，节理裂隙发育，富含地下水，比20m之前的岩体含水量大。

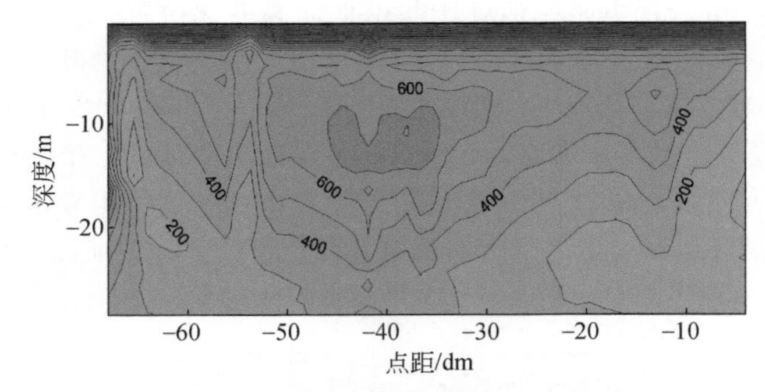

图 4.24　9 号洞 1 测线视电阻率断面图

瞬变电磁法在洞内掌子面有十分突出的优势，可用于超前预报。瞬变电磁法对低阻地质体比较敏感，对含水构造探测有效。总体来看，所测的四个隧道掌子面前方都比较富水。隧洞埋藏较浅，岩石相对破碎，节理比较发育，存在裂隙。8 号下游掌子面（DK18+733m），0～5m，裂隙发育，线流较多，40m 之后，情况好转。9 号上游（DK20+008m），掌子面处于断层破碎带，0～20m，岩体强风化，出水较大。20～30m，出水更加严重。7 号洞下游（DK15+724m），岩体含水不均匀，发育多处裂隙，有两个较大裂隙在掌子面前方延伸较长。4 号洞下游（DK18+823m），掌子面上方岩石节理发育，下方相对稳定。在掌子面前方岩石裂隙分布不均匀，部分地段裂隙发育，富含水。另外，瞬变电磁法在掌子面上工作时受到特殊环境及场地的限制，发送回线边长还不够大，为了保证足够的发送面积，所以发送匝数较多。致使衰减曲线的首枝受到互感信号的影响。应该减少发送回线的匝数，增大发送回线的边长，扩展观测信号的有用时段。瞬变电磁探测与其他地球物理方法一样，只有很好了解已知地质资料，才能对探测资料做出合理正确的解释。

4.3　高放废物预选场址地球物理探测

高放废物安全处置是一项关系到核工业可持续发展、保护环境和保护人民健康的重要而紧迫的重大课题，同时也是一项世界性难题。目前提出的方案是深地质处置，即在距离地表深 500～1000m 的地质体中建造“地质处置库”，通过工程屏障和天然屏障永久隔离高放废物（潘自强和钱七虎，2009）。

在众多地质介质中，花岗岩类岩石因具有致密、渗透性差、隔水性能好等优点，而被较多国家视为核废料储存库的良好介质。黏土类岩石则因其极低的渗透性、良好的放射性抑制特性和孔隙自闭性而在法国的核废料储存库岩体研究中成为首选地质介质体（王驹等，2000）。我国从20世纪80年代中期，就开始了高放废物地质处置跟踪性研究。由于西北地区人烟稀少、没有工业和农业活动，以及具有大面积分布的花岗岩岩体，因此构成了良好的处置库围岩，并具备了建造“地质处置库”得天独厚的自然地理和经济地理条件。鉴于高放废物中含有放射线强、毒性大和半衰期长的放射性核素，这就要求处置库的寿命要相当长。具备长期稳定性条件。

高放废物地质处置选址的一个关键因素是深部地质体的完整性与稳定性。经过20多年对场址区域地质环境、地球物理场特征、构造与岩石特征、水文与工程地质等问题的专题研究（陈伟明等，2000；郭永海等，2001；金远新等，2007；李国敏等，2016；王驹，2000；王驹等，2000；王青海等，2003；徐国庆，2002；张路青等，2016），为预选区处置库的综合评价和今后勘探工作的部署提供了科学依据。在此基础上，我国已初步将位于甘肃北山和内蒙古阿拉善作为高放废物处置预选场址重要靶区，但由于缺乏资金等原因，在目标岩体上布置的地球物理探测工作还远远不够，岩体的展布和内部细结构情况不甚清晰，亟待更深入的研究。国内外诸多学者利用地球物理技术在高放废物地质处置预选区的研究中已获得了很好的成果（Bartel and Ward，1990；Majer et al.，1996；Soonawala et al.，1990；Troiano et al.，2014；Unsworth et al.，2000；Watts，1994；程纪星等，2002），在此基础上笔者采用CSAMT作为主要探测手段对甘肃北山和内蒙古阿拉善两个预选区的目标岩体开展了针对性的研究工作（An and Di，2016；An et al.，2013b；Di et al.，2018；底青云等，2010；薛融晖等，2016）。

4.3.1　拟解决的地质问题

为更准确地评价高放废物处置库预选场址，需利用地球物理等手段对预选区重点花岗岩体的展布和内部结构的完整性开展较详细的勘探，以进一步评估岩体作为厂址的适宜性。拟解决的地质问题主要如下。

（1）岩体展布和深部延伸情况：在处置库预选场址评价中，岩体展布和深部延伸特征是岩体评价的基础资料。比如，甘肃北山向阳山-新场岩体的展布和深部延伸情况还不清晰。从地质研究角度分析，此岩体侵入于奥陶-志留系地层中，形成于海西期，早于推覆构造的形成时代，岩体呈近东西向展布，地表侵入接触面清楚。依据飞来峰组被推覆到最新层位中侏罗统后，而又被上侏罗统碎屑岩的磨拉石不整合所覆盖的事实，推覆构造带的形成时代应归为中侏罗世末、晚侏罗世前，相当于燕山早期运动的产物，这就意味着向阳山-新场岩体可能是由推覆构造从异地由南向北推覆到现在的位置。如果这一观点成立，新场岩体向下延伸可能比较深，并与推覆构造面相接触。在推覆过程中，岩体的内部可能产生破坏，形成不良地质结构，也可能储水。如果岩体没有受到推覆作用，那么岩体深部延伸状况又如何？这些问题亟待通过地球物理手段进行解决。

（2）花岗岩体内部精细地质结构：岩体内断裂和含水构造等的存在与否及其分布特征是决定岩体质量好坏的重要因素，对处置库场地岩体的综合评价有非常重要的意义和决定作用。然而，由于岩体内结构的尺度可能多种，含水性能和埋藏深度也不尽相同，需获得准确的岩体内部精细结构。

4.3.2　典型地质构造有限差分三维模拟

为了进一步解决4.3.1中提出的问题，开展了有限差分模拟研究，利用地球物理探测是获知预选区目标岩体的完整性和深部地质结构是否存在的一种行而有效的途径，而对岩体中可能赋存的结构体开展数值模拟是必须的。研究区围岩主要为花岗岩，地表出露岩脉，小断裂可见，倾角较大，多见捕虏体（变质的老地层）。因此，对断层或破碎带进行有针对性的三维电磁模拟研究。模型基于以下的设置（图4.25），说明如下：

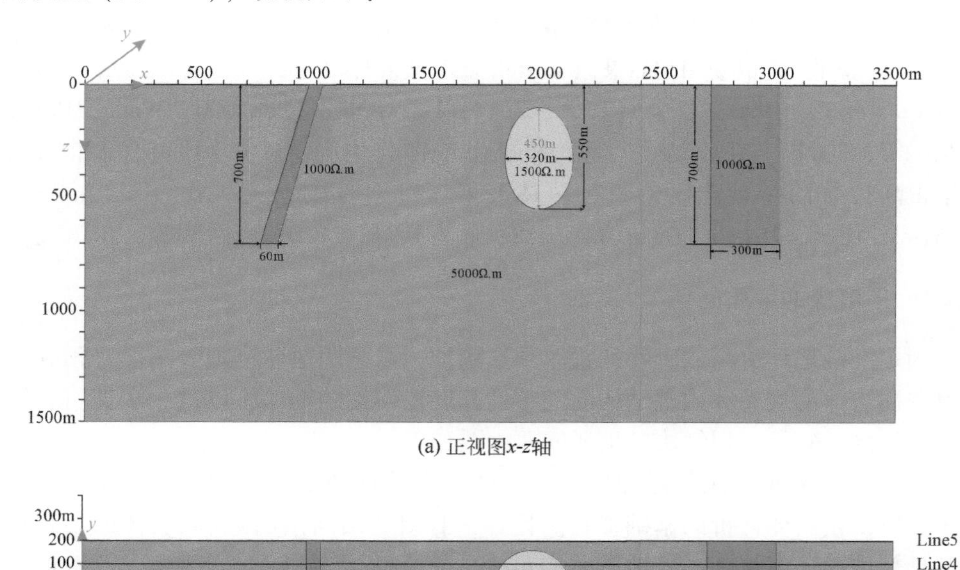

(a) 正视图x-z轴

(b) 俯视图x-y轴

图4.25　典型构造模型

图 4.25（a）中，地表 1000m 处，倾斜断裂，宽度为 60m，倾角为 75°，顶底深度为 700m，电阻率为 1000Ω · m。中间的椭球体为捕虏体，短轴长 320m，中心点地表投影在 1950m 处，长轴长 450m，顶离地表 100m，电阻率为 1500Ω · m。直立断裂宽 300m，顶底深度为 700m，电阻率为 1000Ω · m。围岩电阻率为 5000Ω · m。模拟时，y 方向 5 条测线，线距 100m，点距 20m。$y=-200$m测线定为测线 1，则其他测线编号依次为 2、3、4、5。如图 4.25 所示。

模拟时选用的频率范围 6310 ~ 1Hz，共 20 个频点，按照对数等间隔分布。采用前面章节所介绍的有限差分法得到如图 4.26 所示不同频率时的平面模拟结果，从上到下频率逐渐降低。

图 4.26 表明，在所选定的频段内，很好地模拟了三个异常体形态和尺度，但椭球异常体在 1Hz 时仍有显示，可能是模拟方法选择和异常体参数赋值的原因。由于测线存在对称性，故只介绍 Line1、Line2 和 Line3 的模拟结果。Line1 剖面不经过椭球体，Line2 剖面穿切部分椭球体，Line3 剖面穿过椭球体中心，模拟结果见图 4.27。图 4.27（a）、（b）、（c）分别为 Line1、Line2 和 Line3 的模拟结果，椭球异常体显示有差异，过椭球体中心剖面的结果要比不过或部分穿切的剖面显示清楚、范围大；倾斜断裂均有显示、近直立，未能反映其倾斜程度；直立断裂亦均有显示，但异常影响带较大，边部的畸变可能是模拟时边界效应的影响所致。

对 Line3 线的模拟数据进行了二维反演，结果见图 4.27 图中三个异常体的形态显示较好，但异常体的尺度变大了，为体电阻率的综合反映。其中倾斜异常体顶部变宽，深部却发散变大，椭球异常体整体变大，直立异常体顶部吻合较好，边部稍有变宽。通过上述对研究区常见异常体（岩脉、断裂）的数值模拟研究，说明选择的方法有效，能够较好地反映实际地质构造，有助于实际测线布置、频段选择以及后续工作。

4.3.3　复杂模型模拟对比

鉴于研究区地表多见尺度较小的近直立的断裂和岩脉，有的岩脉、断裂与围岩胶结较好，电性差异可能小。因此，设计直立断裂模型，改变其宽度，赋以不同电阻率值，获得其不同模型的电性响应特征，分析异常探测的可能性。模型设计见图 4.28（a），背景电阻率为 5000Ω · m，四条直立断裂从左至右其宽度分别为 20m、40m、20m 和 20m，其电阻率值分别为 1000Ω · m、1000Ω · m、2000Ω · m 和 4000Ω · m。图 4.28（b）为采用前面章节研究的反演方法从正演数据获得的反演结果，由其结果可知，异常体与背景电阻率差异越大，异常越明显，宽度越大，异常更突出。

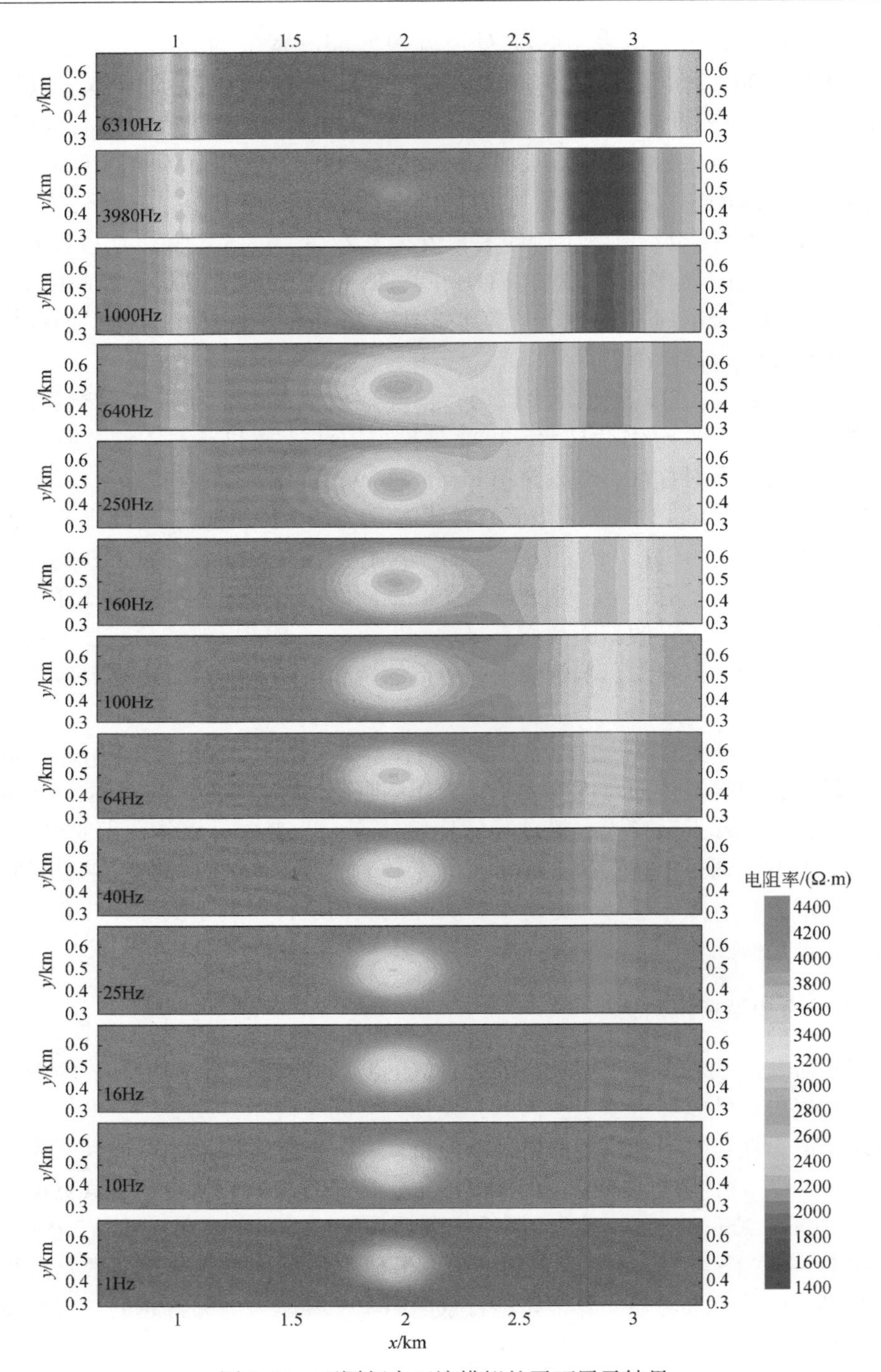

图 4. 26　不同频率正演模拟的平面展示结果

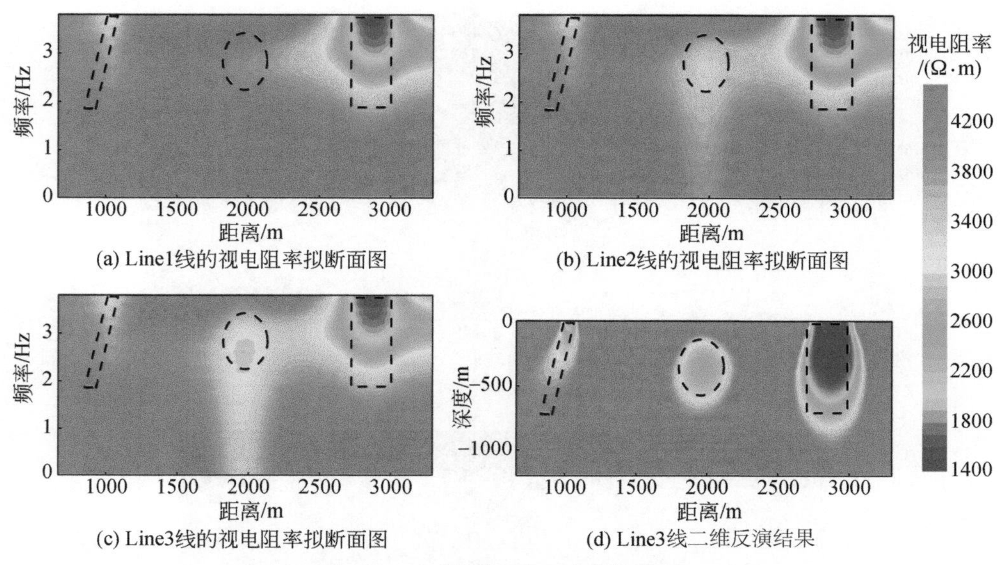

(a) Line1线的视电阻率拟断面图　(b) Line2线的视电阻率拟断面图

(c) Line3线的视电阻率拟断面图　(d) Line3线二维反演结果

图 4.27　不同剖面的正演模拟结果

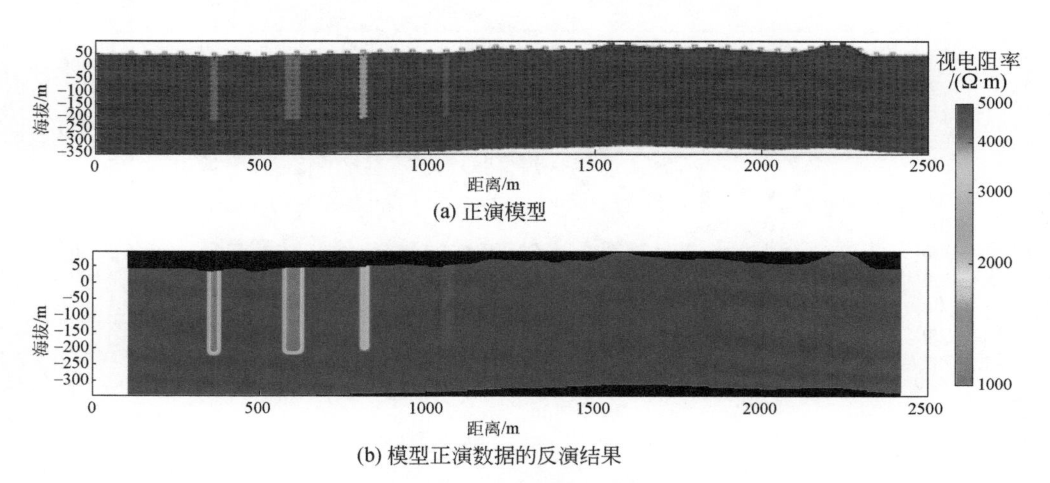

(a) 正演模型

(b) 模型正演数据的反演结果

图 4.28　直立断裂模拟结果

实际地质调查发现，研究区发育低缓倾角的断裂，此类断裂电性响应特征如何、能否被有效探测，故设计倾斜断裂模型，改变其倾角参数，赋以不同电阻率，获得其电性响应规律。图 4.29 表示倾角为 15°时的模型，背景电阻率为 5000Ω · m，设计 1 条直立和 1 条倾斜断裂，其电阻率值分别为 500Ω · m、1000Ω · m、2000Ω · m 和 4000Ω · m，宽度保持在 50m 和 150m，接收点距为 50m。由其结果可知，断裂与背景电阻率差异越大，异常越明显。

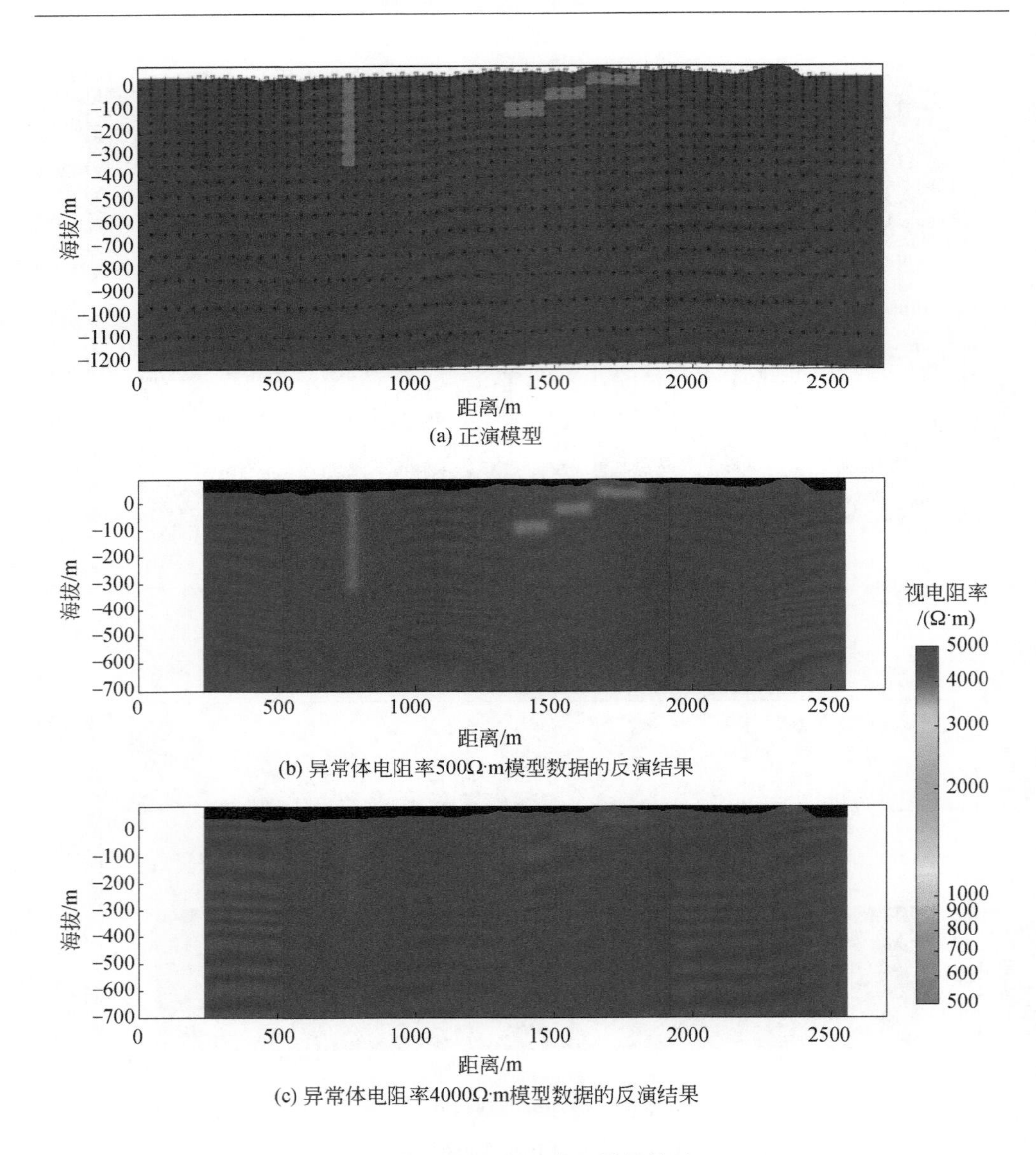

(a) 正演模型

(b) 异常体电阻率500Ω·m模型数据的反演结果

(c) 异常体电阻率4000Ω·m模型数据的反演结果

图 4.29　倾斜断裂模型模拟结果

根据预选区的实际地质特征，设计了较复杂模型。背景电阻率为 5000Ω · m，地表为浅风化花岗岩，厚度为 50m，电阻率为 2000Ω · m，其下有一倾角 60°的断裂和捕虏体。倾斜断裂影响宽度为 150m，中心电阻率为 500Ω · m，宽度为 50m；其外电阻率逐渐变大，电阻率依次为 1000Ω · m 和 3000Ω · m，宽度均为 50m。捕虏体设计上宽下窄，中心电阻率为 1000Ω · m，外侧电阻率为 3000Ω · m。目的是对接近实际的地质模型进行正演模拟，获得其电性响应特征，验证电磁法对其探测效果。模型见图 4.30（a），接收点距为 50m。反演结果［图 4.30（b）］很好地显示了模型，反映了模型电阻率变化，说明了有限差分正演模拟的有效性。

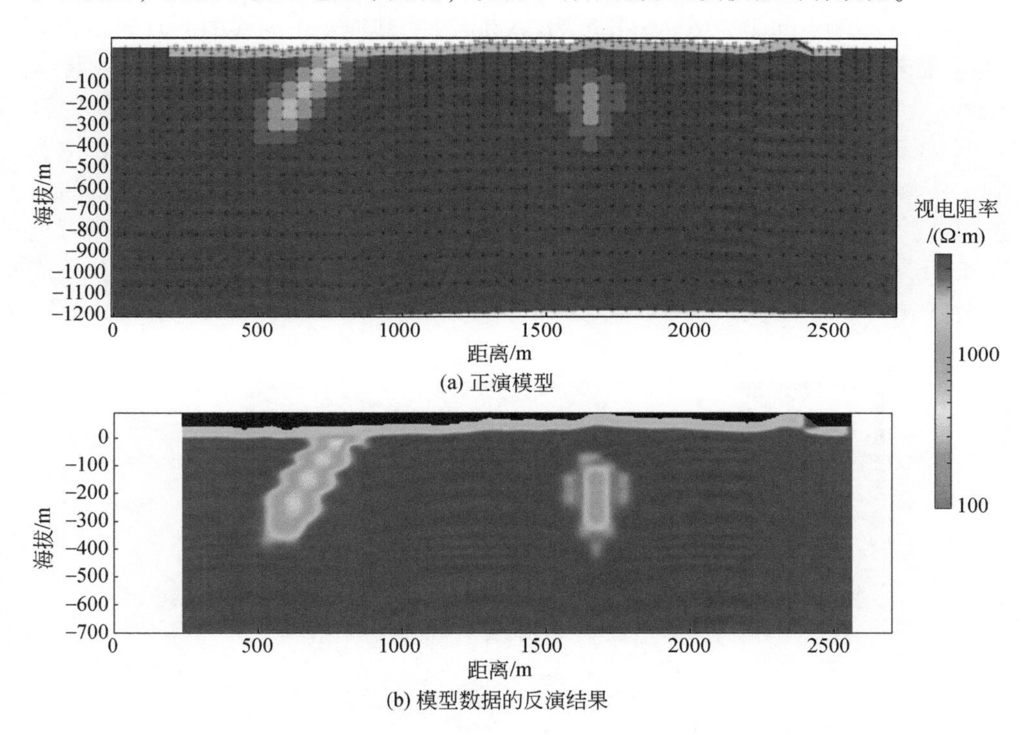

图 4.30　复杂模型模拟结果

4.3.4　甘肃北山预选区地球物理探测实例

1. 工作简介

CSAMT 探查工作主要分布在芨芨槽和新场两个岩体。芨芨槽岩体布设了 4 条剖面，其中“十一五”期间布设了 S1 和 S2 两条剖面，“十二五”期间布设了 C1 和 C2 两条剖面。S1 测线方位为 N34°E，测点间距为 20m，测线长度为 1620m；S2 测线方位为 S127°E，测点间距为 20m，测线长度为 1620m。C1 测线方位为 N310°W，测点间距为 40m，长度为 5040m；C2 测线方位为 N45°E，测点间距为 40m，长度为 3600m。工作目的是查明控制芨芨槽岩体分布的断裂构造，和岩体中是否有碎裂和蚀变带，以及岩体深部展布情况。

新场岩体布设了 8 条剖面，其中“十一五”期间为面积性测量，为与已知钻孔的位置以及长剖面 EH4 探查线互相更好地配合，测线方位尽可能垂直于地质构造方位，故测线方位为 N29°E。从西向东分别为 N1、N2、N3、N4 和 N5 线。其中除 N3 线测点间距为 20m、长度为 3060m 外，其他 4 条测线的测点间距皆为 40m，测线长度均为 3080m。N6 测线方位为 S120°E，测点间距为 20m，长度为 3600m，并穿越了上述 5 条测线。“十一五”期间，布设了 C3 和 C4 两条测线，其中 C3 线方位为 N308°W，测点间距为 40m，长度为 11280m；C4 线方位为 N40°E，测点间距为 40m，长度为 8160m。目的是查明控制新场岩体分布的断裂构造，岩体中是否有碎裂和蚀变带，以及岩体深部展布情况。测线布置可见图 4.31。图中红线为“十一五”期间 CSAMT 测线，蓝色线为“十二五”期间 CSAMT 测线。

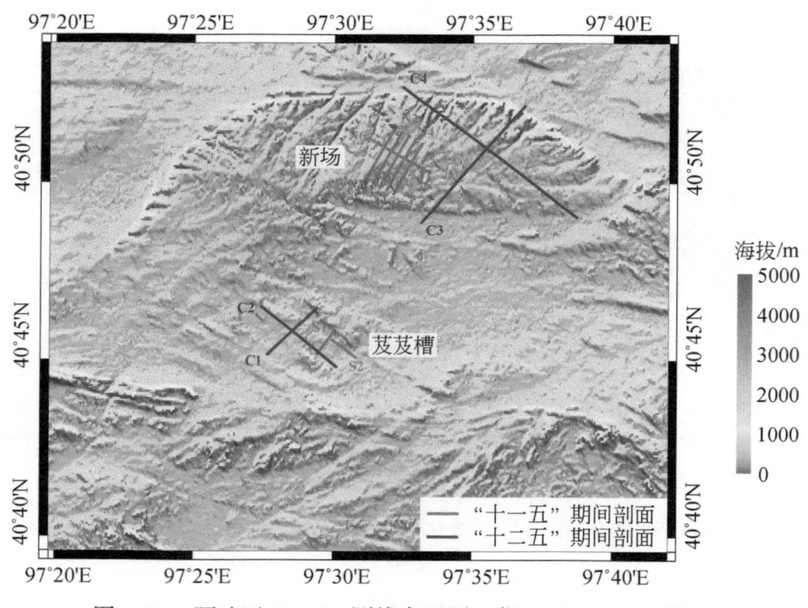

图 4.31　预选区 CSAMT 测线布置图（据 Google earth 成图）

2. 结果认识

1）芨芨槽岩体

芨芨槽岩体 4 条 CSAMT 剖面结果，已查明该地段从地表浅部至约 2000m 深度范围内岩体的结构构造情况。

变质中粒黑云母二长花岗岩岩体大约从海拔 100m 往下呈现完整性地向下延伸。但是从海拔 100m 向上，也就是说，从地表向下至大约 1500m 深度均被不同规模的小断裂等切割破坏。另据地表地质工作，可清楚看到芨芨槽地区变质中粒黑云母二长花岗岩受到北西向和北东向两组断裂切割，且断裂倾向不同、间距较近，故而岩体受到的破坏程度较为严重。结合 CSAMT 深部探测结果综合分析认为，在新场南区变质中粒黑云母二长花岗岩建造“地质处置库”是不合适的，S2 线结果见图 4.32。图中电性特征为高低阻渐次分布，F1 和 F2 代表地表已知的断裂蚀变带，S1 和 S2 处地表无迹象表明发育断裂破损，根据电性特征解释为隐伏断裂。根据“高放废物地质处置库”的建造要求，是建在距离地表深 500 ~ 1000m 的地质体中。显然，CSAMT 探查结果表明，在 0m 点至 1100m 点范围内不适合建此“地质处置库”（An et al.，2013b）。

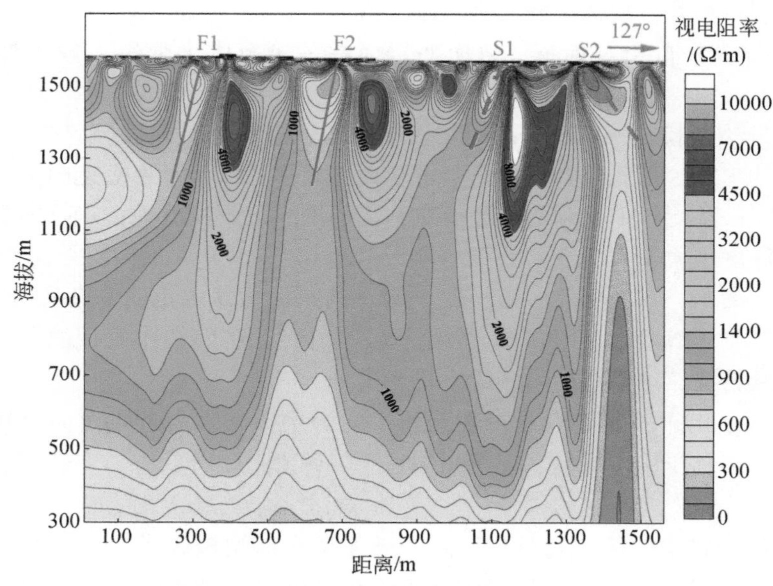

图 4.32　芨芨槽岩体 S2 线 CSAMT 结果（据 An et al.，2013b）

2）新场岩体

多年来，核工业北京地质研究院对甘肃北山预选区做了大量地质研究工作，并实施了某些山地工程，为在本区开展岩体完整性和稳定性研究积累了宝贵的资料。这些科研成果对开展地球物理勘测工作具有重要的参考价值和指导作用。

通过 CSAMT 法勘查，并结合野外地质考察工作，认为新场北区比新场南区具有建造“高放废物地质处置库”的良好地质条件。依据如下：

从地貌特征看，新场北区非常直观的地貌形态是由一系列低矮平缓的小山包组成。它们的相对高差很小，且这些小山包的顶面似乎趋于同一个夷平面高度上。它们之间的低洼处，多为宽平状态，很少形成窄深的沟。即使受断裂构造影响而形成规模较大的沟，也呈平缓状态，且沟内砂石堆积物厚度很小，往往只有数厘米至数十厘米，很少超过1m。同时，沟内常常有岩石裸露。该地貌特征表明，该区及其外围地区自新近纪以来新构造运动不强烈，仅处于稳定缓慢抬升状态，即地壳稳定性较好，有利于“地质处置库”的建立。

从气候特征看，该区为干旱地区，年降水量非常少，地下水不发育，故岩石的化学风化作用非常微弱。岩石风化层很薄，地表及浅部的岩石都比较新鲜。这也是建造“地质处置库”的有利条件。

从节理特征看，岩体中的节理多为剪节理，分布稀疏且闭合紧密，故岩体总体的质量好。

从断裂特征看，预选区断裂具有以下特点：

（1）断裂分布相对稀疏，从而使岩体在一定范围内保留有较大体积的完整性。

（2）断裂规模较小。一是断裂带大多较窄，也就是说断裂破碎带规模较小，往往只有几米宽，因此没有对岩体产生较大的破坏；二是断裂沿走向延伸距离不大，往往在一条测线上见到的断裂而在其相邻测线上再没出现；三是断裂从地表向下切割深度不大，大多数为数百米至千余米。

需指出的是，在新场北区规模较大的一条断裂为北西走向，它从N1测线东北侧一直穿越至N4测线东北侧。除此条断裂外，在各测线中发现的断裂，据其规模和产状特征，很少在另一测线中再次出现。

（3）该区出露的断裂以北东和北西走向为主，其次为近东西向。断裂力学性质显示，多具压扭性特征。表明断裂处于一种紧密闭合状态，有利于岩体的稳定性。

（4）断裂带中往往有岩脉充填。岩脉充填在断裂破碎带或裂隙中，可能会起到一定的“焊接”作用。如该区常见近南北向至北北东向基性岩脉——辉绿岩脉沿着张裂隙侵入岩体中。在这一部位，CSAMT法探查结果显示，并没有电性界面出现，电阻率等值线仍为中高阻，说明这些岩脉具有“焊接”作用。此外，还有些中酸性岩脉贯入断裂带中。有的没有遭到明显的应力作用；有的则受到应力作用，形成挤压片理和挤压扁豆体，表明断裂为压性或压扭性，处于封闭闭合状态。与张性断裂相比，对岩体稳定性的破坏作用要小得多。

（5）在断裂带中常可见到长英质岩脉或花岗岩脉从不同方向贯入，但它们没有发生破碎，形态保留较好，表明自酸性岩脉侵入后，这些断裂没再活动，可以说明本区岩体具有较好的稳定性。

3）研究成果

（1）查明了向阳山–新场地段芨芨槽岩体和新场岩体的空间展布形态和底部

延伸情况。

（2）查明了向阳山-新场地段芨芨槽岩体和新场岩体内部构造特征和分布状况。在电阻率反演剖面地质推断解释结果上展示了断裂构造的具体位置和产状特征。根据断裂发育程度以及向下切割岩体的深度和宽度情况，对岩体的完整性做出了评价。

（3）依据电阻率低值特征和异常宽度，结合已知地质、水文地质、钻孔等资料，对岩体内构造的含水性进行了分析，得出了新场岩体内含水构造的分布情况。

（4）依据剖面上电阻率异常特征，圈定出了岩体内部非均匀地质体的分布，初步划定了甘肃北山预选区“高放废物地质处置库”的范围，可供参考，目前此处的地下实验室（如五角星所示）正在工程建设当中。具体范围见图4.33。

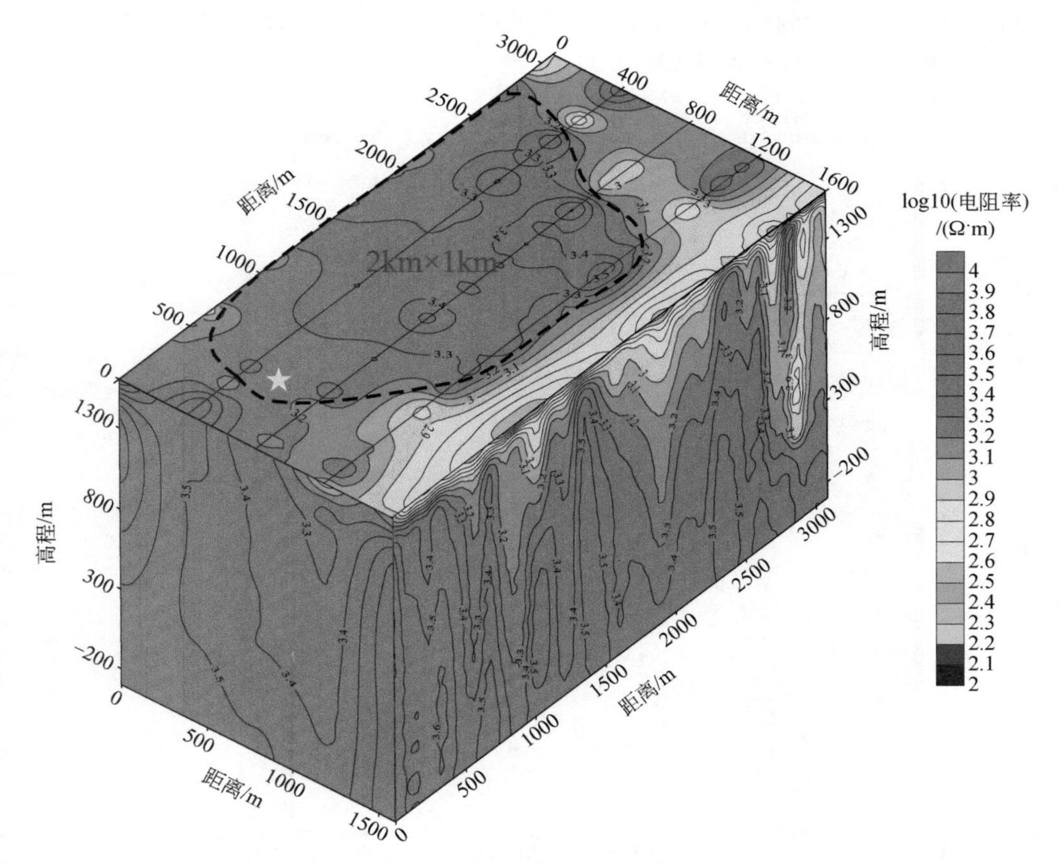

图4.33　“高放废物地质处置库”选区范围图

4.3.5　内蒙古阿拉善预选区地球物理探测实例

1. 测线布置

根据前期地质调查研究结果，圈定了塔木素和诺日公两个目标岩体，在设计的剖面上开展了 CSAMT 探测研究工作，主要目的是查明控制岩体分布的断裂构造，岩体中是否有碎裂和蚀变带，以及岩体深部展布情况。

1）塔木素岩体

南区有 L1、L2、L3 和 L4 四条测线，其中 L1 剖面线方向为 N74°E，长度为 10080m；L2 剖面线方向为 N74°E，长度为 7440m；L3 剖面线方向为 N345°W，长度为 7680m。L4 剖面线方向为 N345°W，长度为 5040m。北区有 L5 和 L6 两条测线，其中 L5 剖面线方向为 N62°E，长度为 9360m；L6 剖面线方向为 N62°E，长度为 9360m。测线布置可见图 4.34。

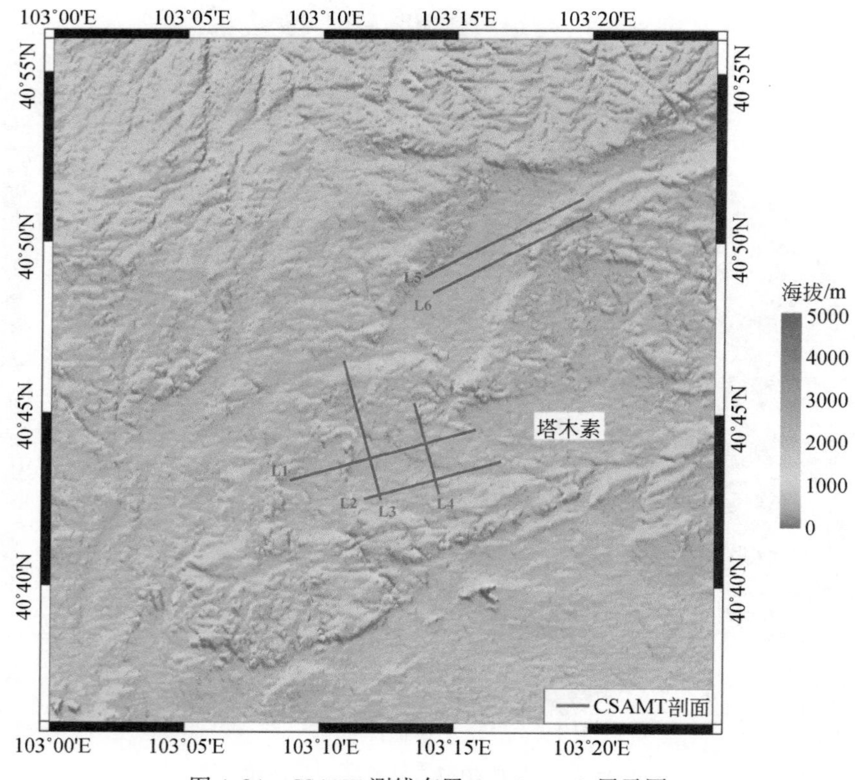

图 4.34　CSAMT 测线布置 Google earth 展示图

2）诺日公岩体

布设了北东向测线 14 条，编号为 L1-L14。测线方位均为 N72°E，长度均为 3240m，线距为 500m，测点距为 30m。测线布置可见图 4.35。

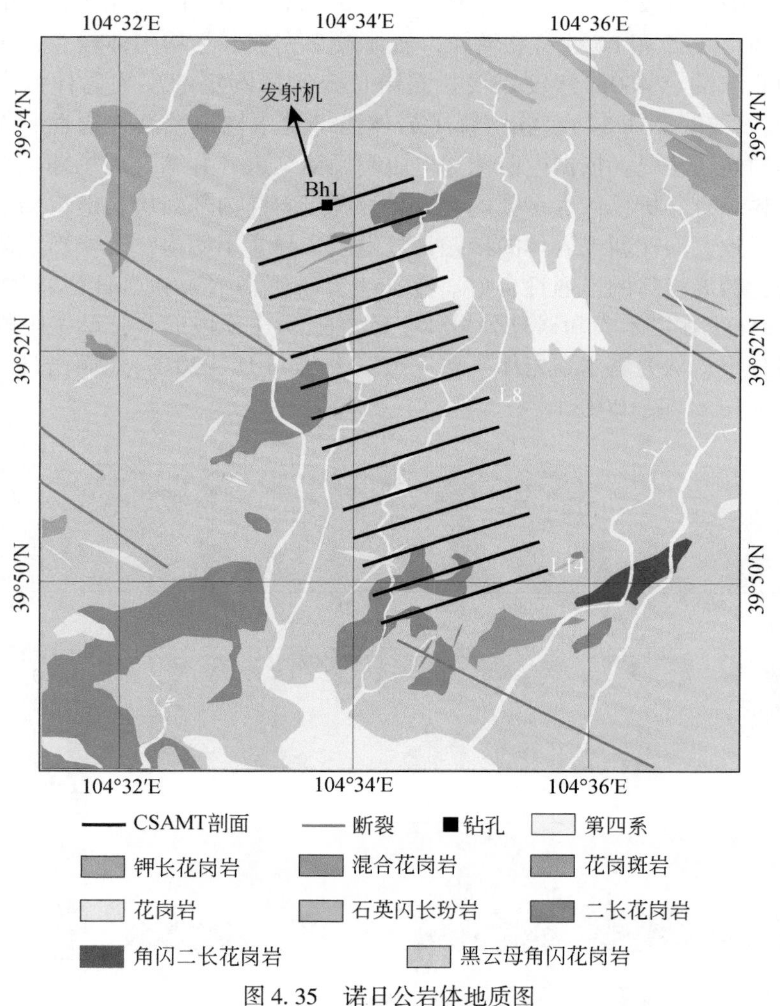

图 4.35　诺日公岩体地质图

2. 岩体评价

结合现场地质调查和已知地质资料，获知了控制研究区岩体的区域构造，查明了塔木素和诺日公两个岩体内部构造特征，以及不均匀体和含水构造的分布，为岩体的完整性评价提供了地球物理依据。

所获得的主要成果和认识如下：①查明了岩体内部断层构造的发育情况和产状特征，其中塔木素岩体中的断裂、破碎带较多，诺日公岩体则无明显的地质构造。②圈定了岩体内部不均匀体分布，其中塔木素岩体，L1-L4 线所在岩体不完整，裂隙和破碎带较发育。受构造作用，造成高程 900m 以浅存在较多的不均匀体（图 4.36）。L5 和 L6 线所在地段，岩体较为完整，不均匀体较少，主要存在于测线的北东端点 400m 深度以浅。而诺日公岩体圈定的不均匀体，大都位于 400m 深度以浅（图 4.37）。③解释了岩体内部含水构造及其连通性。④解读了新老岩体的连通状况，依据电磁测深电阻率反演结果，并结合现场地质调查和已知地质资料综合分析，认为多数电性分界面源于岩体内部断层构造或为岩体与地层接触带所致，而在新老岩体的接触带处电阻率异常不明显，表明新老岩体边界焊接紧密，新老岩体的连通性良好。⑤初步分析了塔木素和诺日公岩体完整性。就目前 CSAMT 在塔木素和诺日公岩体上的开展工作地段而言，基于电性特征和钻孔资料分析，认为塔木素岩体不够完整（An and Di，2016），而诺日公岩体则相对完整（Di et al.，2018）。

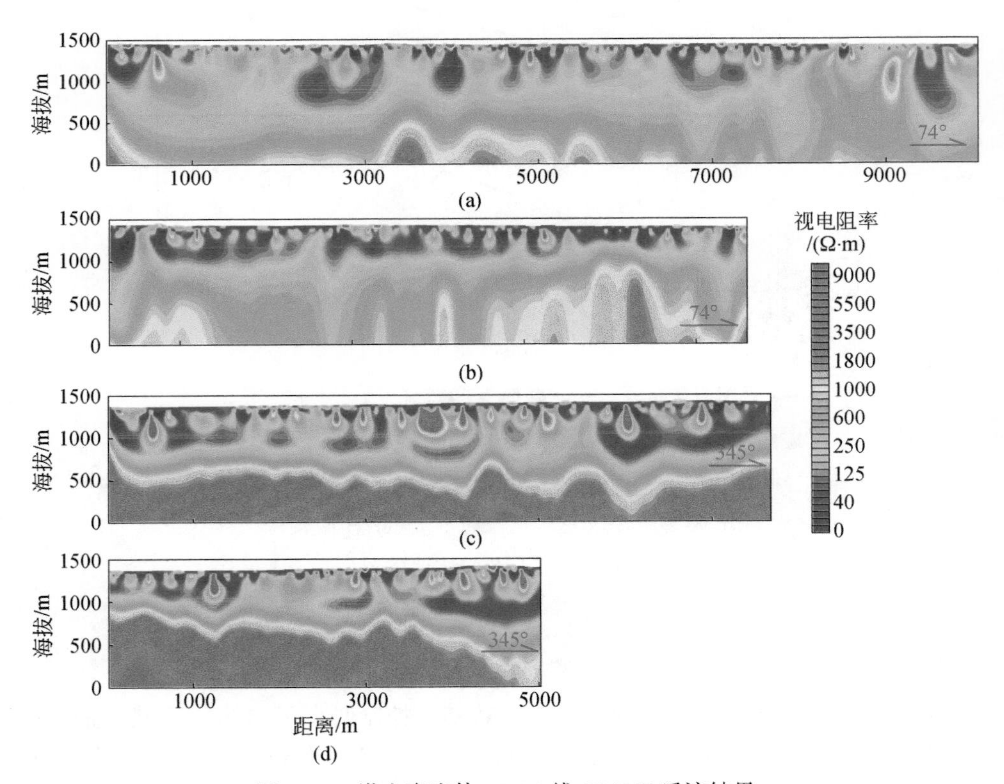

图 4.36　塔木素岩体 L1-L4 线 CSAMT 反演结果

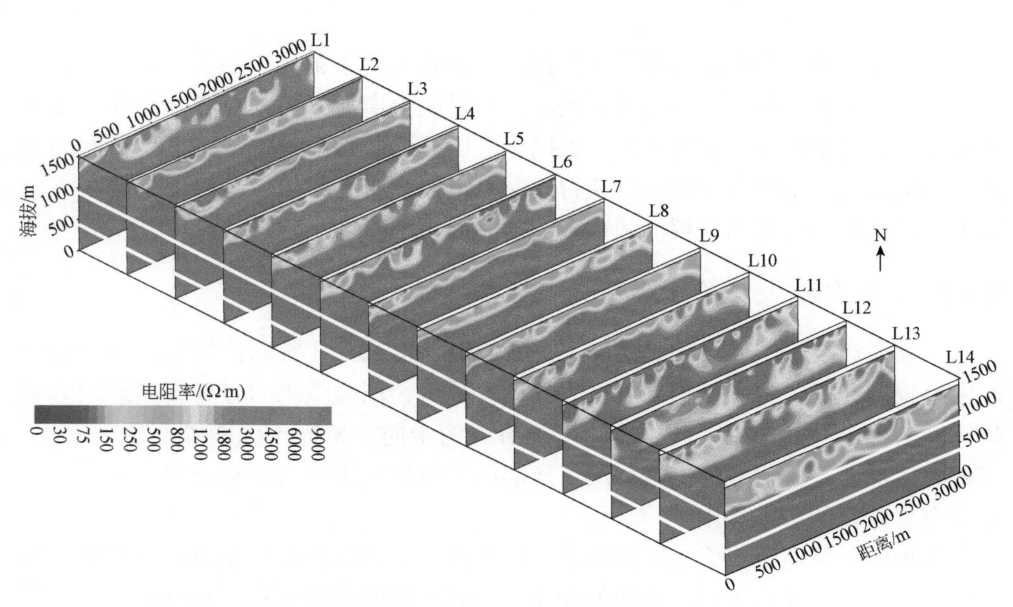

图 4.37　诺日公岩体 CSAMT 反演结果

4.4　非常规油气储层压裂动态监测

4.4.1　研究意义

在油气勘探与开发中，准确确定目标区（如岩性储层）的含油气性、油藏的分布范围和边界、储层流体性质，监测水驱分布及动态，特别是剩余油气的分布，是滚动勘探开发中急需解决的重要问题。

三维 VSP、四维地震等是滚动勘探开发的主要手段，已用于确定油气藏结构和空间展布、指出油气富集空间位置、寻找剩余油气等，但成本高昂，且效果不太明显，特别是对储层流体性质识别方面因受物性差性制约而难以奏效。由于储层流体电性差异明显，电磁法对油气储层的孔隙度、渗透率和饱和度等参数反应灵敏，具有效率高、成本低、适应复杂地表、能力强等优点，作用越来越突出，应用前景极为广阔。然而该方法分辨能力低，受电磁干扰大，资料质量难以提高。

研究表明：储层中表现出极强的非均匀性（在电性与极化特性方面也是如此），油藏与围岩、储层含水与含油气间电性及激电特性差异明显，而且在其驱替变化后也会造成油藏物质这些参数的明显变化，这是电磁探测的重要物理基础。

近年来，可控源电磁探测方法与技术发展迅猛，发射功率达到200kW以上，供电电流为上百安培。信噪比明显提高，分辨能力增强，使其在岩性勘探、油气藏勘探与开发中的应用成为可能。根据储层中含油和含水时电阻率显著不同的特点，应用高分辨率电磁勘探方法获得储层电阻率分布的图像，进而识别储层中所含流体的性质，达到油气预测和剩余油检测的目的。

4.4.2 研究内容

工程压裂技术主要目的是对储层进行改造，形成人造裂隙。压裂过程中裂缝的发育程度和模式将直接控制着页岩气的开采量，压裂效果的好坏直接影响到页岩气井的稳产与高产。因此，监测压裂裂缝的走向、长度不仅能验证压裂效果、了解裂缝形态、分析裂缝泻油状况，还能够分析地层主应力分布方向，对页岩气开发有着重要的指导作用。

常规的时移地震成像、井间地震成像不但成本高，而且效果也并不理想。由于压裂过程中液体的走向、体积的变化会引起明显的电性变化，将电磁方法应用于非常规油气藏储层改造动态监测，能够取得较好的效果。将时移电磁勘探技术应用于非常规油气藏储层改造的裂隙、走向、体积变化等参数进行数值描述，并从电性的角度实现三维和四维动态成像。

此处介绍的应用实例源于长江大学承担的中国石油化工股份有限公司江汉油田分公司物探研究院“非常规油气储层压裂动态监测”项目。长江大学严良俊教授团队采用中国科学院地质与地球物理研究所自主研发的地面电磁探测系统，利用CSAMT和自主开创的长偏移距阵列瞬变电磁测深法（YUTEM），开展了页岩气储层压裂地面电磁时移人工源电磁动态监测方法技术研究与应用示范工作。

4.4.3 项目选区

中石化涪陵地区油气勘探包括重庆市南川、武隆、涪陵、丰都、长寿、垫江、忠县、梁平、万县九区县。

选择涪陵页岩气区块某水平压裂井的第6～9段进行时移可控源电磁法观测，该区已有三维地震和测井信息，水平井压裂后储层电阻率明显降低，目的层厚度和深度适中，有利于电磁法探测。

探测区域位于涪陵区与白涛镇之间，北临乌江，交通方便。地势以低山丘陵为主。最高海拔约为500m，最低约为180m，落差较大。测线位于乌江Ⅱ号断背斜翼部。储层龙马溪组海拔为2400～2350m，地面埋深约为3000～2900m。图4.38为测区与压裂井整体布局关系图。

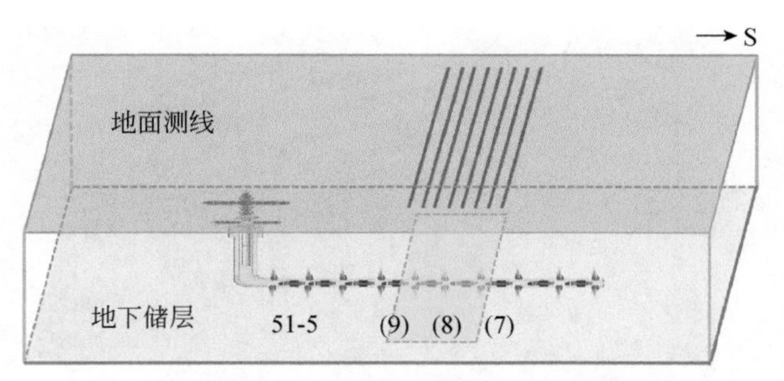

图4.38 测区与压裂井整体布局示意图

针对其中水平井51-5的（7）、（8）、（9）三个压裂段在地面沿垂直水平井方向布设8条平行测线，每条测线长为1300m，测线距为50m，测点距为50m，共216个物理点。发射端分5km和12km两个，5km发射端使用国内最大功率200kW发射系统；12km发射端使用常规30kW发射系统。野外发射点和接收点部署如图4.39所示，接收区布置如图4.40所示，图4.41为接收机具体布设图。

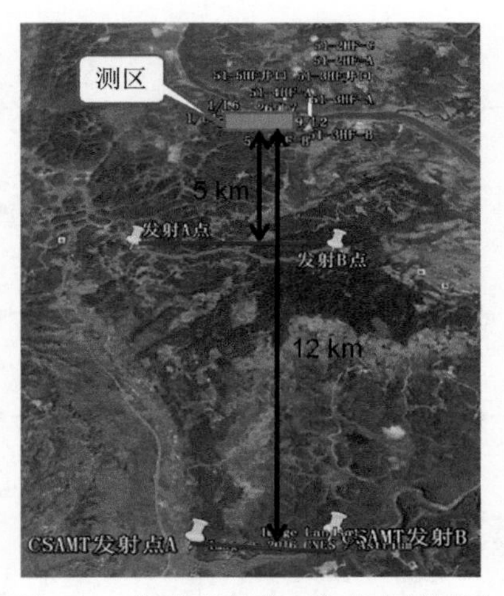

图4.39 野外发射点和接收点部署图

4.4.4 压裂结果

该工区的主要工作如下。

进行了24套DRU仪器、24套磁探头和4套V8仪器工前和工后的标定和一致性测试（图4.42）。

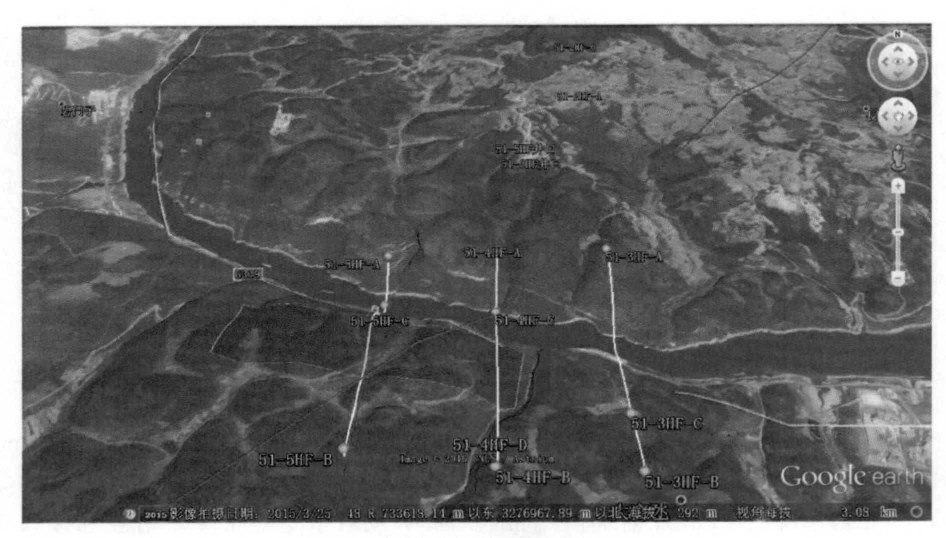

图 4.40　测线部署位置图

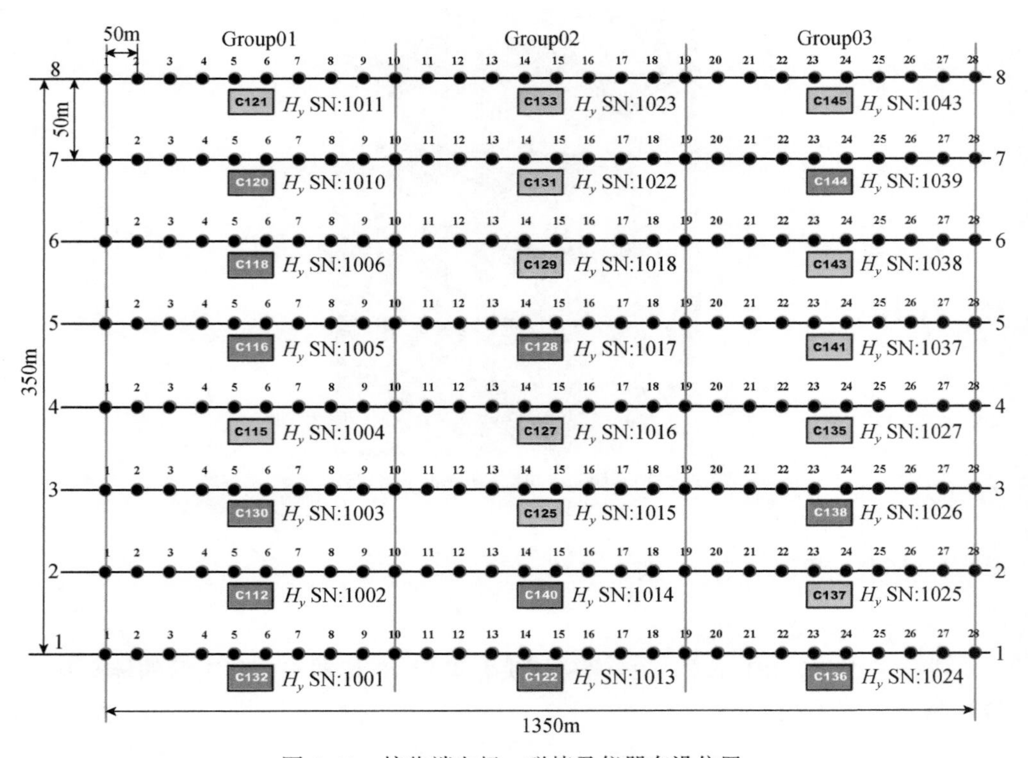

图 4.41　接收端电极、磁棒及仪器布设位置

完成了DRU和V8两种仪器的CSAMT和YUTEM两种方法的一致性对比。

完成了焦页51-5HF井的第6～9段共4段压裂监测任务。主要包括第6、7、8、9段前、中、后的YUTEM和CSAMT监测采集，物理点共计432个。

其他方法：完成了22个测点垂直磁场LOTEM测深联络线的观测、24个垂直磁场的CSAMT法观测、8个测点5分量MT测深观测。

图4.42　中国科学院地质与地球物理研究所与长江大学团队仪器标定合照

1. CSAMT法测量结果

本节主要采用CSAMT法对使用的设备进行了一致性标定，同时在各压裂阶段前后均进行CSAMT法测量。

图4.43为利用CSAMT法测量不同压裂段压裂前后电阻率的变化差值图，红色表示基本没有变化。左图为第6段压裂前后电阻率变化剖面图，可以看到在3800m左右的深度，电阻率发生了变化，与压裂深度相符合；中间图为第7段、第8段两段压裂前后电阻率变化，因两段压裂液达3700m^3，较第6段压裂液1800m^3，视电阻率有更明显的变化，表明达到了压裂效果；第9段由于压裂端出现异常，仅压裂135m^3，由右图可以看出，电阻率基本无变化，与实际情况相符。

2. YUTEM测量结果

YUTEM是长江大学首次提出的一种新的电磁勘探方法。该方式的特点是长

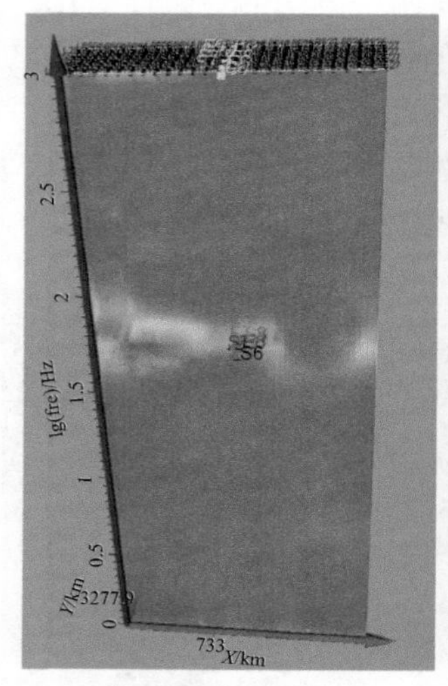

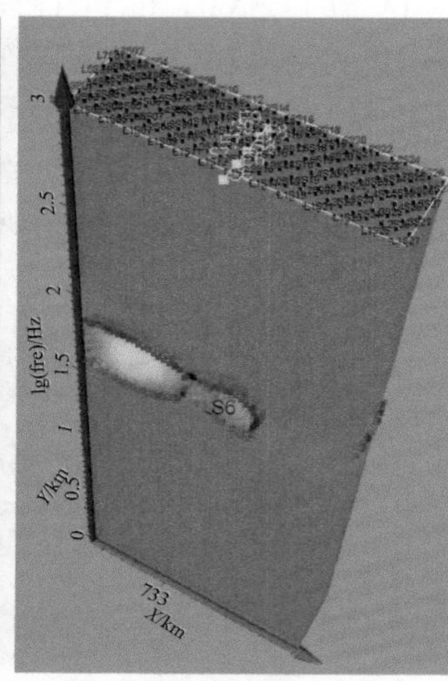

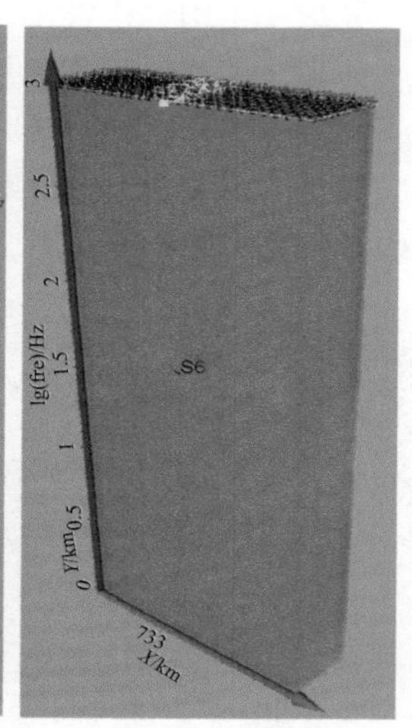

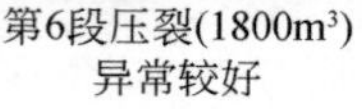
第6段压裂(1800m³)
异常较好

第7、8段压裂(3700m³)
异常明显

第9段压裂(135m³)
无明显反映

图 4. 43　基于 CSAMT 法压裂前后电阻率变化结果

偏移距、长时窗观测。该方法野外观测的装置系统包括两大部分：一是发射系统，它由长接地导线（*AB*）、大功率发电机和由 GPS 同步控制的发射机组成；二是接收系统，三分量采集站（一磁 H_y，两电 E_x、E_y）和接收线框（s）组成。与常规的 LOTEM 法相比，电场分量的观测是该方法的特点。

利用 YUTEM 方法，在压裂前开始测量，测量贯穿整个压裂过程，并在压裂结束后继续观测一定时间，以获取压裂前后电性变化。

图 4. 44 ~ 图 4. 49 是利用 YUTEM 方法，观测不同压裂段，3800m 深处水平向电阻率变换切面图。由图可以看出，第 7 段压裂峰长约为 600m，西面约为 400m，东面约为 200m；南北宽约为 150m，第 7、8 段压裂峰长约为 700m，西面约为 400m，东面约为 300m；南北宽 200 ~ 300m；7、8 段压裂范围在第 7 段范围基础上，向北部扩大。总体看，西面压裂效果优于东面。

图 4. 50 为 YUTEM 方法第 6 ~ 9 段压裂全过程电性反演剖面图组，可以看到 3800m 处，不同井段的压裂情况。

本次电磁法压裂监测结果符合地质规律，揭示了地下应力场和压裂状态，评价了作业段的改造效果，指导了相邻井或井段压裂方案调整、开发片区压裂方案的设计。电磁法压裂监测技术既具有成本低、范围清楚的优点，又可以弥补微震监测的不足，指示的压裂范围更加直观，为下一步生产布井和调整压裂方案提供了依据。本方法的开发和推广应用，对页岩气开发生产具有重要意义。

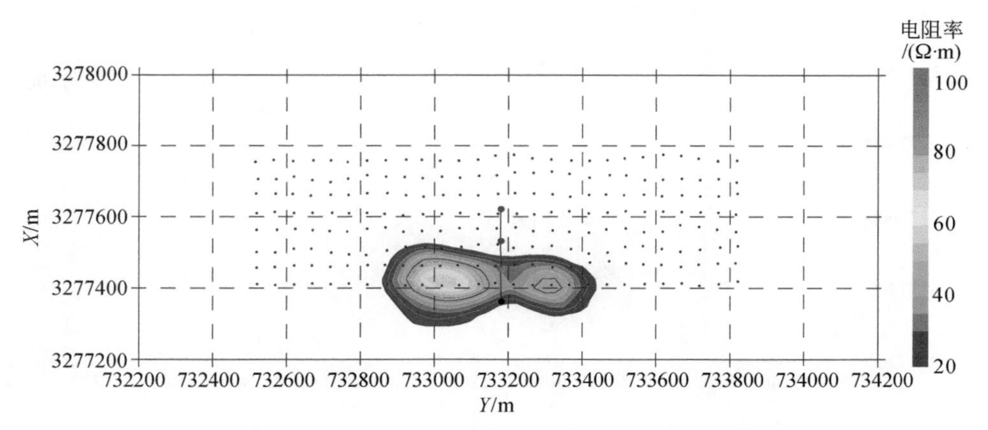

图 4.44　第 6 段压裂前后 3800m 深度电阻率变化水平切面图

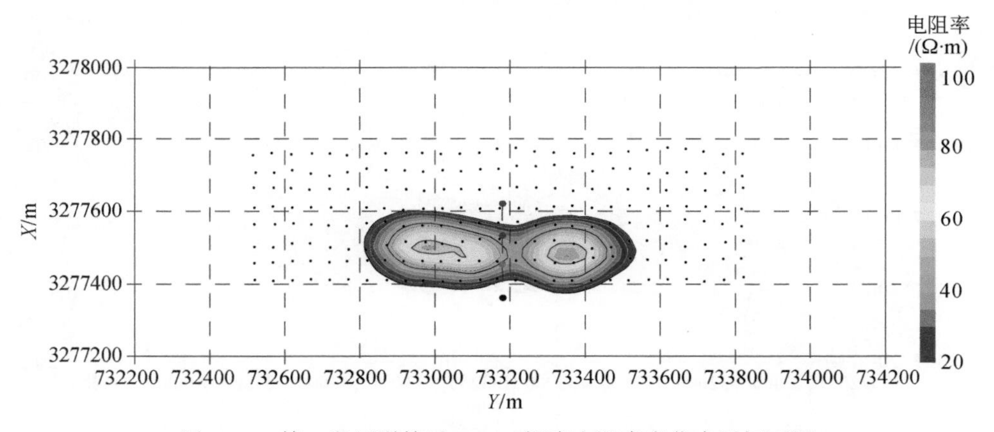

图 4.45　第 7 段压裂前后 3800m 深度电阻率变化水平切面图

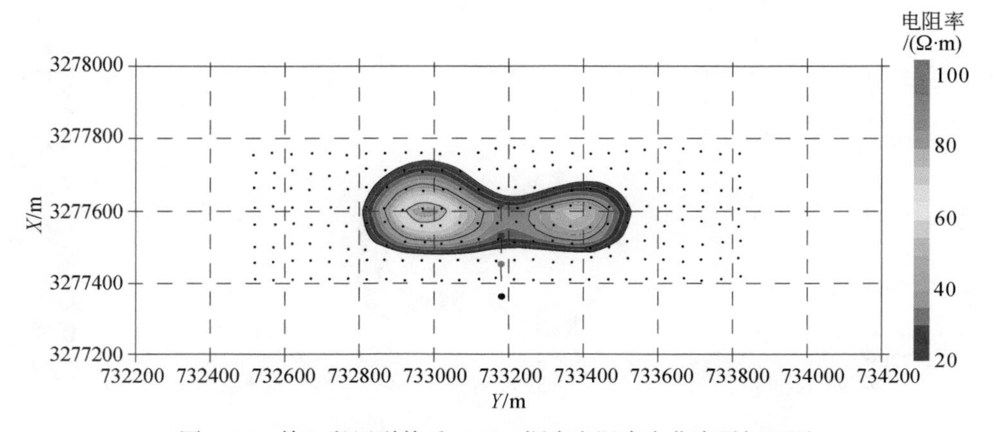

图 4.46　第 8 段压裂前后 3800m 深度电阻率变化水平切面图

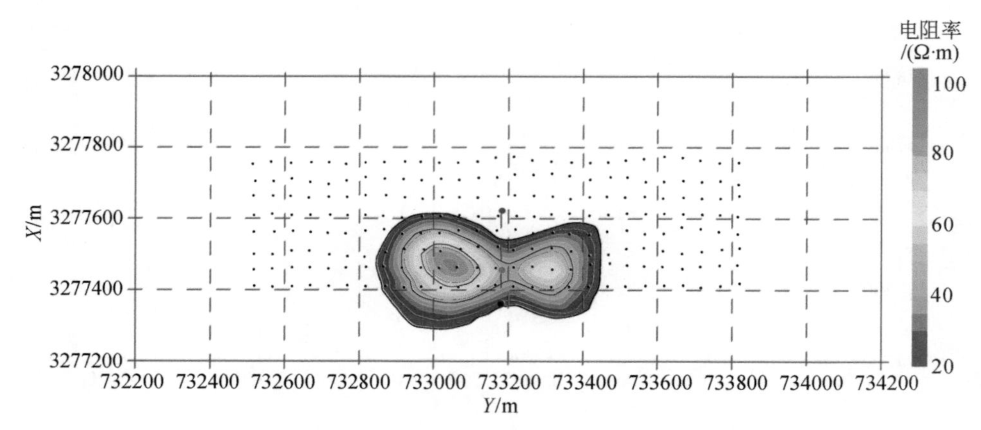

图 4.47　第 6 段压裂前与第 7 段压裂后 3800m 深度电阻率变化水平切面图

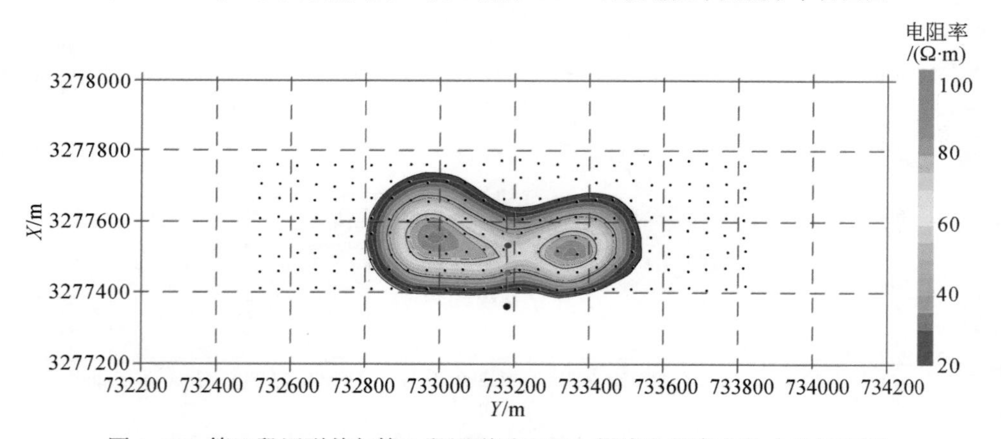

图 4.48　第 7 段压裂前与第 8 段压裂后 3800m 深度电阻率变化水平切面图

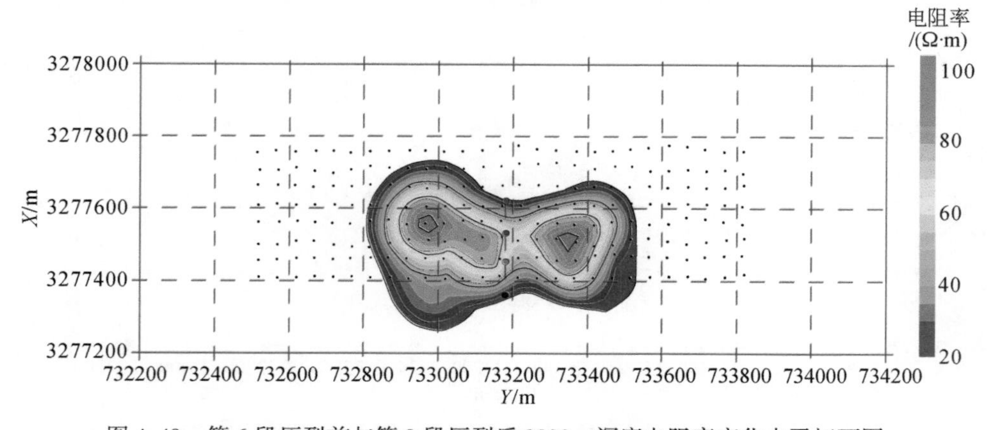

图 4.49　第 6 段压裂前与第 8 段压裂后 3800m 深度电阻率变化水平切面图

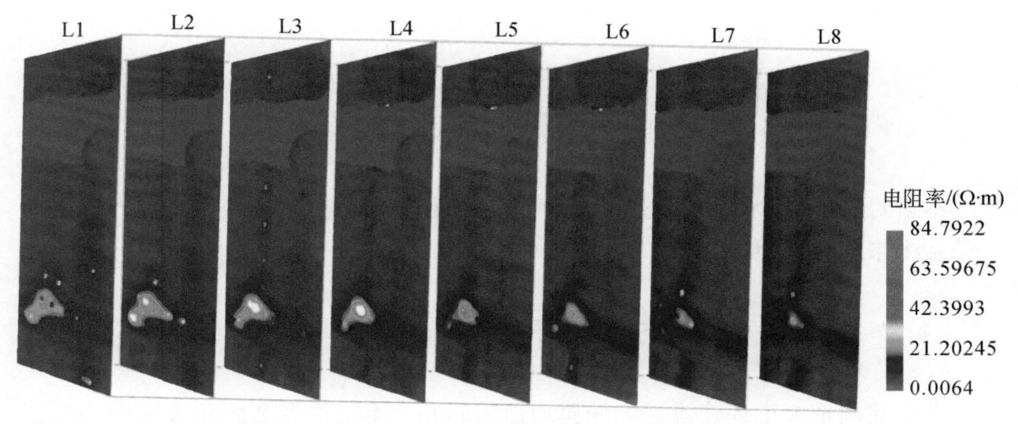

图 4.50　由约束反演获得的电阻率的相对变化成像（第 6 ~ 9 段压裂前后）

本节测量结果由长江大学团队提供，感谢长江大学严良俊教授、谢兴兵副教授团队，对本书的贡献与支持。

第5章 研究结论与展望

本章对书稿所涉及的研究对象、关键技术和方法、实际应用效果等内容做了总结和未来研究展望。

5.1 研究结论

针对我国重大工程建设遇到的典型地质问题，本书作者及团队攻关围绕数据处理及反演成像技术，以及电磁探测核心器件——大功率发射机、感应式磁传感器、分布式采集站等开展研究，形成具有自主知识产权的仪器、观测资料的处理和地质解释一体化的SEP系统。为了检验SEP系统的有效性，开展了深埋长隧道地质结构探测、核废料地质处置库场址评价及页岩气压裂效果监测等重大地质工程领域的地球物理探测技术实例应用研究。通过实地同时开展地球物理勘探和地质调查、采集野外或井中标本开展室内物性测定、收集工区已有的地球物理和地质资料、开展实地仿真模型正演资料和观测资料特征对比研究、开展全部收集和调查的地质资料和地球物理反演资料自洽研究，实现了地球物理和地质目标的有机结合。研究技术路线归纳为图5.1。

本书的研究可以归纳为：

（1）建立了三维精细结构反演成像、瞬变电磁隧道超前预报方法，提高了人工源电磁探测的深度和精度。针对复杂地形和复杂地质结构，建立了基于三维有限差分法、有限元法及积分方程法的电磁数值模拟方法，实现了工程地质体电磁响应三维模拟仿真。将瞬变电磁法从地面引入到隧道掌子面空间进行探测，研发出富水地质体拟地震偏移成像方法，实现了掌子面前方50m含水结构体有效预报。利用与发射频率相关数据重构信号，实现强干扰的高效压制，研发出电磁数据处理、反演解释和可视化的一体化高精度三维电磁成像技术。

（2）突破了高性能电磁装备核心技术，自主研发了SEP系统，为成功获取深部弱信号提供了支撑。通过两极双H桥逆变及电压脉宽调制技术，研制出大功率、强电流、高精度电磁发射机。采用高磁导率、低损耗磁心加工工艺、多匝线圈绕制工艺和低噪声低频微弱信号检测电路等先进技术，研制出与国际高端产品指标相当的感应式磁传感器。攻克了带通正反馈高频幅度补偿、调理电路白噪声抑制、高精度弱信号采集与同步等关键技术，研发出多功能、多通道阵列式采

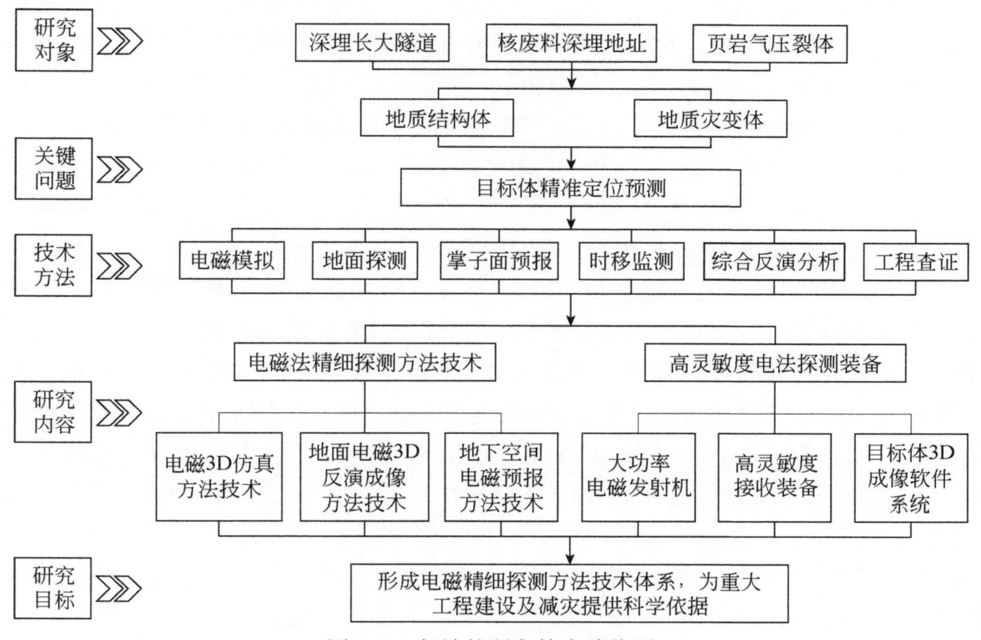

图 5.1　归纳的研究技术路线图

集站。SEP 系统在多个工程中得到成功应用。

（3）实现了重大地质工程应用突破，且效果显著。作者研究团队利用电场探测新技术，在我国交通、水电、矿山、国防等工程领域取得了很好的应用效果。在南水北调西线、石太客运线等深埋长隧道开展了地质结构精细探测，成功地划分了断裂、破碎带的分布，圈定了岩溶等含水构造体，保障了隧道安全施工。在大伙房深埋长引水隧道，开展了掌子面地质灾害超前预报，预测准确度达到 90% 以上。对我国甘肃北山和阿拉善核废料地质处置预选区的典型地质构造开展了有源电磁法三维探测，在核废料地质处置库预选场址评价中发挥了重要作用。利用自主研究的 24 套 SEP 接收系统，在我国涪陵页岩气田焦页 51-5HF 井压裂过程中，开展了电磁阵列剖面法四维观测，揭示了地下应力场和压裂状态，为气田生产布井和调整压裂方案提供了依据。说明 SEP 仪器系统以及资料解释系统已能用于重大工程问题的地球物理探测。

5.2　研究展望

21 世纪是我国隧道（洞）和地下工程大发展的时期。我国铁路到 2020 年将建成“四纵四横”快速客运网、加快建设煤炭运输通道和集装箱节点站；公路国家规划建设“五纵七横”国道主干线建设，完善公路网络，充分提高路网通达深度；水利水电工程，重点是南水北调中的西线引水工程，及一大批引水隧洞水电枢纽工程等。上述大型工程的建设，都需要修建大量的隧道（隧洞）及地下工程。仅据铁道部门预测要完成“四纵四横”快速客运网的建设就要新修建大约30000km的铁路，据初步统计大约要新修建2200座约2270km的隧道。而这些隧道（洞）主要穿越崇山峻岭，具有长度大（几千米至几十千米）、断面大（达100m^2）、埋深大（大于500m）等特点。

我国2020年的核电装机容量4000万kW，但根据形势发展专家预测，可能调整为装机容量超过7500万kW，要建约4500万kW。随着我国核能事业的飞速发展，高放废物的处理与处置，已成为公众关心的一个重大安全和环保问题。高放废物安全处置需要进行长期的基础研究、技术研发和工程研究，方可实现安全处置的目标。美国于1957年提出高放废物地质处置的设想并开始研究和技术开发，到2018年才建成处置库。我国高放废物地质处置研究工作始于21世纪80年代，20多年来，在选址和场址评价、核素迁移、处置工程和安全评价等方面均取得了不同程度的进展，但总体上还处于研究工作的前期阶段，距完成地质处置任务的阶段目标任务还有一定差距，必须进一步开展相关研究工作。

页岩气开采改变了美国乃至世界的能源格局，其中有两项关键技术，一是水平井分段压裂技术；二是水平井随钻测量技术。压裂效果的好坏决定着采收率的高低，因此压裂效果动态监测成为页岩气开采工程中不可或缺的技术。目前压裂效果监测多采用微地震技术，但由于南方海相页岩气埋深大、储层薄、井场振动干扰大，微震监测成本高，效果不稳定。由于储层流体电性差异明显，电磁法对油气储层的孔隙度、渗透率和饱和度等参数反应灵敏，具有效率高、成本低、适应复杂地表能力强等优点，作用愈加突出，应用前景极为广阔。

总之，针对重大地质工程中存在的深部地质结构精细探测问题，需要进一步开展三维地质体的电磁探测新方法、新技术、新仪器研究，例如，张量观测和反演技术、复杂地形复杂介质三维电磁仿真模拟及反演、电磁有效噪声识别及压制研究等。

上述在建的和规划中的与国民经济密切相关的重大工程，包括隧道工程、采矿工程、采页岩气等能源开发工程、核废料储存工程等对地球物理探测提出了更高的要求。要求地球物理探测深度更深，遇到的地质问题更复杂，需要解决的地球物理参数更精细、更可靠，分辨地质问题的能力，特别是分辨岩性、识别构造和含水性的能力更强。地球物理工作者应该抓住这个机遇，开发地球物理从仪器设备，研究地球物理的构造和几何结构成像技术以及资料的地质解释方法，形成更能适合工程建设的实际需求的装备技术。

目前，用于正反演的地球物理模型比较简单，还不能满足复杂的工程地质探测要求，构建复杂的物理模型进行正反演研究，是今后的发展方向。另外，物性参数反演和几何结构成像反演相结合，这一方面也应该继续努力，以便为工程地球物理探测中资料处理以及地质问题的精细解释给出更好的答案。

参考文献

安志国，底青云，王光杰，2008. 深埋长隧道洞线岩性 CSAMT 法分析研究．岩石力学与工程学报，27（S1）：3286.

卞兆津，叶明金，刘斌辉，2008. 红层地区综合应用联合剖面法和激发极化法找水一例．物探与化探，32（3）：306-307.

陈晦鸣，余钦范，1998. 环境污染调查中磁与电磁测量新技术的应用．地学前缘，5：237-245.

陈伟明，王驹，金远新，2000. 甘肃北山及其邻区地壳稳定性模糊综合评价．铀矿地质，16：157-163.

陈贻祥，蔡国斌，喻立平，1992. 重力垂直梯度测量技术在隐伏岩溶探测中的应用．中国岩溶，11：318-331.

程德福，王君，李秀平，等，2004. 混场源电磁法仪器研制进展．地球物理学进展，19（4）：778-781.

程纪星，伍岳，韩绍阳，2002. 综合地球物理方法在高放废物处置场址特征性评价中的应用．铀矿地质，18：174-179.

戴前伟，王鹏飞，冯德山，等，2012. 综合物探方法在隧道掌子面超前地质预报中的应用．工程勘察，（8）：84-94.

邓世坤，2000. 探地雷达在水利设施现状及隐患探测中的应用．物探与化探，24（4）：296-301.

底青云，安志国，付长民，2010. 甘肃北山预选区岩体深部地质结构 CSAMT 法勘查研究．第三届废物地下处置学术研讨会论文集，41-46.

底青云，安志国，马凤山，等，2014. 高速公路隧道岩溶区地质结构电磁法精细探测研究．工程地质学报，22（4）：692-698.

底青云，方广有，张一鸣，2013. 地面地磁探测系统（SEP）研究．地球物理学报，56：3629-3639.

底青云，雷达，王中兴，等，2016. 多通道大功率电法勘探仪集成试验．地球物理学报，59（12）：4399-4407.

底青云，王光杰，安志国，等，2006. 南水北调西线千米深长隧洞围岩构造地球物理勘探．地球物理学报，49（6）：1836-1842.

底青云，伍法权，王光杰，等，2005. 地球物理综合勘探技术在南水北调西线工程深埋长隧洞勘察中的应用．岩石力学与工程学报，24：3631-3638.

底青云，张文伟，2016. 利用积分方程法研究复杂三维地质结构 CSAMT 响应特征．地球物理学进展，（3）：1145-1151.

董延朋，万海，2006. 高密度电阻率法在堤坝洞穴探测中的应用．大坝与安全，2：40-42.

葛如冰，2011. 高密度电阻率法在城市地下目的物探测中的应用 . 物探与化探，35（1）：136-139.

郭海萱，郭天魁，2013. 胜利油田罗家地区页岩储层可压性实验评价 . 石油实验地质，3：339-346.

郭秀军，贾永刚，黄潇雨，等，2004. 利用高密度电阻率法确定滑坡面研究 . 岩石力学与工程学报，23（10）：1662-1669.

郭永海，杨天笑，刘淑芬，2001. 高放废物处置库甘肃北山预选区水文地质特征研究 . 铀矿地质，17：184-189.

何继善，2011. 广域电磁法和伪随机信号电法 . 中国工程科学，13（3）.

侯冰，陈勉，李志猛，2014. 页岩储集层水力裂缝网络扩展规模评价方法 . 石油勘探与开发，41：763-768.

胡清龙，王绪本，江玉乐，2008. 激发极化法在金沙遗址青铜器文物探测中的应用研究 . 工程地球物理学报，5：152-156.

胡祥云，杨迪坤，刘少华，等，2006. 环境与工程地球物理的发展趋势 . 地球物理学进展，21（2）：598-604.

黄润秋，王贤能，唐胜传，等，1997. 深埋长隧道工程开挖的主要地质灾害问题研究 . 地质灾害与环境保护，8：50-68.

嵇艳鞠，林君，许洋铖，2009. 大定源时间域吊舱式半航空电磁勘探理论研究 . 第九届中国国际地球电磁学术讨论会论文集，121-126.

贾利春，陈勉，孙良田，2013. 结合 CT 技术的火山岩水力裂缝延伸实验 . 石油勘探与开发，40：377-380.

姜志海，焦险峰，2011. 矿井瞬变电磁超前探测物理实验 . 煤炭学报，36（11）：1852-1857.

金远新，闵茂中，陈伟明，2007. 甘肃北山预选区新场地段花岗岩类岩石特征研究 . 岩石力学与工程学报，26：3975-3981.

李长辉，1994. 南水北调西线区域地壳稳定性评价思路和地壳现代构造应力场及块断作用 . 青海地质，3：35-40.

李长辉，戚艳馨，1994. 西线南水北调工程要注意的几个地质问题 . 青海环境，83：115-121.

李国敏，董艳辉，王礼恒，2016. 甘肃北山区域-盆地-岩体多尺度地下水数值模拟研究 . 北京：科学出版社 .

李术才，刘斌，李树忱，等，2011. 基于激发极化法的隧道含水地质构造超前探测研究 . 岩石力学与工程学报，30（7）：1297-1309.

李貅，薛国强，李术才，等，2013. 瞬变电磁隧道超前预报方法与应用 . 北京：地质出版社 .

李志华，2005. 某新建铁路复杂长隧道岩层地质与 CSAMT 特征 . 地球物理学进展，20：1190-1195.

林金鑫，田钢，王帮兵，等，2011. 良渚遗址古水系调查中的综合地球物理方法 . 浙江大学学报（工学版），45（5）：954-960.

林君，2000. 电磁探测技术在工程与环境中的应用现状 . 物探与化探，24（3）：167-177.

林俊明，林春景，林发炳，等，2000. 基于磁记忆效应的一种无损检测新技术．无损检测，22：297-299.
林品荣，郑采君，石福升，等，2006. 电磁法综合探测系统研究．地质学报，80（10）：1539-1548.
刘斌，李术才，李树忱，等，2009. 隧道含水构造直流电阻率法超前探测研究．岩土力学，30（10）：3093-3101.
刘传孝，杨永杰，蒋金泉，1998. 探地雷达技术在采矿工程中的应用．岩土工程学报，20（6）：102-104.
刘康和，段伟，王光辉，2013. 深埋长隧洞勘测技术及超前预报．北京：学苑出版社．
刘立超，2014. 网络化可控源音频大地电磁法接收系统关键技术研究．长春：吉林大学．
罗玉虎，2009. 激发极化法在隧道超前地质预报中的应用．铁道建筑，1（1）：37-39.
聂利超，2015. 隧道施工含水构造激发极化定量超前地质预报理论及其应用．岩石力学与工程学报，（11）：2374.
牛之琏，2007. 时间域电磁法原理．长沙：中南大学出版社．
欧阳涛，底青云，安志国，等，2016. CSAMT 法在某铁路隧道勘察中的应用研究．地球物理学进展，（3）：1351-1357.
潘自强，钱七虎，2009. 高放废物地质处置战略研究．北京：原子能出版社．
尚彦军，金维浚，王光杰，等，2018. 大亚湾中微子试验隧道工程不同物探方法探测结果综合分析．地球物理学进展，（4）：50.
沈凤生，洪尚池，谈英武，2002. 南水北调西线工程主要问题研究．水利水电科技进展，22：1-6.
苏茂鑫，李术才，薛翊国，等，2010. 隧道掌子面前方低阻夹层的瞬变电磁探测研究．岩石力学与工程学报，29（S1）：2645-2650.
孙怀凤，李术才，苏茂鑫，等，2011. 基于场路耦合的隧道瞬变电磁超前探测正演与工程应用．岩石力学与工程学报，30（S1）：3362-3369.
谭远发，2012. 长大深埋隧道工程地质综合勘察技术应用研究．铁道工程学报，29（4）：24-31.
唐颖，邢云，李乐忠，等，2012. 页岩储层可压裂性影响因素及评价方法．地学前缘，19（5）：356-363.
陶波，伍法权，郭啟良，等，2006. 高地应力环境下乌鞘岭深埋长隧道软弱围岩流变规律实测与数值分析研究．岩石力学与工程学报，25：1828.
王驹，2000. 国际高放废物地质处置的发展方向．国土资源科技进展，19：52-56.
王驹，徐国庆，金远新，2000. 我国高放废物处置库甘肃北山预选区区域地壳稳定性研究．北京：地质出版社．
王青海，李晓红，靳晓光，2003. 放射性废物处置中的地质学问题及研究现状．重庆大学学报，26：131-134.
王庆乙，1996. TEMS—3S 瞬变电磁测深系统的研制．有色金属矿产与勘查，5：169-175.
王卫平，王守坦，2003. 直升机频率域航空电磁系统在均匀半空间上方的电磁响应特征与探测深度．地球学报，24（3）：285-288.
王显祥，底青云，唐静，等，2014. 三维地电结构下 CSAMT 分辨能力研究．地球物理学进展，29：2258-2265.
王学潮，马国彦，2002. 南水北调西线工程及其主要工程地质问题．工程地质学报，10：38-45.
王学潮，伍法权，2007. 南水北调西线工程岩石力学与工程地质探索．北京：科学出版社．
王远，2010. 一种便携式多通道瞬变电磁探测系统的设计与实现．长春：吉林大学．
魏文博，2002. 我国大地电磁测深新进展及瞻望．地球物理学进展，17：245-254.
武欣，薛国强，方广有，2019. 中国直升机航空瞬变电磁探测技术进展．地球物理学进展，34：1679-1686.
徐国庆，2002. 2000–2040 年我国高放废物深部地质处置研究初探．铀矿地质，18：160-169.
许德树，卢景奇，李元厚，等，2004. 高精度重力测量在香港石硖尾滑坡治理区的应用．物探与化探，28（4）：345-348.
薛国强，陈卫营，周楠楠，等，2013. 接地源瞬变电磁短偏移深部探测技术．地球物理学报，56（1）：255-261.
薛国强，李貅，2008. 瞬变电磁隧道超前预报成像技术．地球物理学报，51（3）：894-900.
薛融晖，安志国，王显祥，等，2016. 利用电磁方法探测内蒙古塔木素高放废物预选场址岩体的内部构造．地球物理学报，59（6）：2316-2325.
严良俊，唐浩，陈孝雄，等，2018. 页岩压裂过程的连续时域电磁法动态监测试验．应用地球物理：英文版，15（1）：26-34.
杨天春，吕绍林，王齐仁，2003. 探地雷达检测道路厚度结构的应用现状及进展．物探与化探，27（1）：79-82.
殷长春，张博，刘云鹤，等，2015. 航空电磁勘查技术发展现状及展望．地球物理学报，58（8）：2637-2653.
于生宝，孙长玉，姜健，等，2017. CHTEM-I 直升机时间域航空电磁发射系统研究．中南大学学报（自然科学版），(6)：19.
袁俊亮，邓金根，张定宇，2013. 页岩气储层可压裂性评价技术．石油学报，34：523-527.
张路青，曾庆利，袁广祥，2016. 高放废物地质处置阿拉善预选区工程地质适宜性评价．北京：科学出版社．
张士诚，郭天魁，周彤，2014. 天然页岩压裂裂缝扩展机理试验．石油学报，35：496-503.
张文秀，2012. CSAMT 与 IP 联合探测分布式接收系统关键技术研究．长春：吉林大学．
张寅生，1999. 磁法考古探测应用机制及其应用效果．物探与化探，23（2）：138-145.
赵金洲，许文俊，李勇明，2015. 页岩气储层可压性评价新方法．天然气地球科学，6：167-174.
朱德兵，2002. 工程地球物理方法技术研究现状综述．地球物理学进展，17（1）：163-170.
朱凯光，林君，刘长胜，周逢道，2008. 频率域航空电磁法一维正演与探测深度．地球物理学进展，23：1943-1946.
朱正君，黄晓应，许振奎，2014. 综合物探检测方法在重力坝建基面检测中的应用．水利规划与设计，(02)：77-80.

祝卫东，钱勇峰，李建华，2006. 高密度电阻率法在采空区及岩溶探测中的应用研究．工程勘察，4 (1)：60-72.

Albaric J, Oye V, Langet N, et al., 2014. Monitoring of induced seismicity during the first geothermal reservoir stimulation at Paralana, Australia. Geothermics, 52: 120-131.

Alber M, 2000. Advance rates of hard rock TBMs and their effects on project economics. Tunnelling and Underground Space Technology, 15 (1): 55-64.

An Z, Di Q, 2016. Investigation of geological structures with a view to HLRW disposal, as revealed through 3D inversion of aeromagnetic and gravity data and the results of CSAMT exploration. Journal of Applied Geophysics, 135: 204-211.

An Z, Di Q, Fu C, et al., 2013a. Geophysical evidence of the deep geological structure through CSAMT survey at a potential radioactive waste site at Beishan, Gansu, China, Journal of Environmental and Engineering Geophysics. Journal of Environmental and Engineering Geophysics, 18 (1): 43-54.

An Z, Di Q, Wang R, et al., 2013b. Multi-geophysical investigation of geological structures in a pre-selected high-level radioactive waste disposal area in northwestern China. Journal of Environmental and Engineering Geophysics, 18 (2): 137-146.

An Z, Di Q, Wu F, et al., 2012. Geophysical exploration over a long deep shield tunnel, for the west route diversion project from the Yangtze River to the Yellow River. 71: 195-200.

An Z, Fu C, Li D, et al., 2010. CSAMT exploration over rock deep geology structure for preselected site in Beishan of Gansu province, Proceedings of the 3rd academic seminar on waste underground disposal.

Aoudia K, Miskimins J L, Harris N B, et al., 2010. Statistical analysis of the effects of mineralogy on rock mechanical properties of the Woodford shale and the associated impacts for hydraulic fracture treatment design, 44th US Rock Mechanics Symposium and 5th US-Canada Rock Mechanics Symposium. American Rock Mechanics Association.

Auken E, Foged N, Larsen J J, et al., 2019. tTEM—a towed transient electromagnetic system for detailed 3D imaging of the top 70 m of the subsurface. Geophysics, 84 (1): E13-E22.

Bartel L, Ward S, 1990. Results from a controlled source audio-frequency magnetotelluric survey to characterize an aquifer. Geotechnical and Environmental Geophysics, II: 219-234.

Barton N, 1999. TBM performance estimation in rock using QTBM. Tunnels & Tunnelling International, 31 (9): 30-34.

Barton N R, 2000. TBM tunnelling in jointed and faulted rock. CRC Press.

Benardos A, Kaliampakos D, 2004. Modelling TBM performance with artificial neural networks. Tunnelling and Underground Space Technology, 19 (6): 597-605.

Blindheim O, 2005. A critique of QTBM. Tunnels & Tunnelling International, 37 (6): 32-35.

Boerner D, Wright J A, Thurlow J G, et al., 1993. Tensor CSAMT studies at the Buchans Mine in central Newfoundland. Geophysics, 58 (1): 12-19.

Bosschart R, Seigel H, 1972. Advances in deep penetration airborne electromagnetic methods: Conf, Proc. 24 International Geological Congress, section: 37-48.

Busato L, Boaga J, Peruzzo L, et al., 2016. Combined geophysical surveys for the characterization of a reconstructed river embankment. Engineering Geology, 211: 74-84.

Cagniard L, 1953. Basic theory of the magneto-telluric method of geophysical prospecting. Geophysics, 18 (3): 605-635.

Cardarelli E, Cercato M, De Donno G, 2018. Surface and borehole geophysics for the rehabilitation of a concrete dam (Penne, Central Italy). Engineering Geology, 241: 1-10.

Cassinelli F, 1982. Power consumption and metal wear in tunnel-boring machines: analysis of tunnel-boring operation in hard rock. International Journal of Rock Mechanics and Mining Sciences and Geomechanics Abstracts, 20 (1): 25.

Chalikakis K, Plagnes V, Guerin R, et al., 2011. Contribution of geophysical methods to karst-system exploration: an overview. Hydrogeology Journal, 19 (6): 1169.

Chew W C, Weedon W H, 1994. A 3D perfectly matched medium from modified Maxwell's equations with stretched coordinates. Microwave and Optical Technology Letters, 7 (13): 599-604.

Danielsen J E, Auken E, Jørgensen F, et al., 2003. The application of the transient electromagnetic method in hydrogeophysical surveys. Journal of Applied Geophysics, 53 (4): 181-198.

Di Q, An Z, Fu C, et al., 2018. Imaging underground electric structure over a potential HLRW disposal site. Journal of Applied Geophysics, 155: 102-109.

Di Q, Fu C, An Z, et al., 2020. An application of CSAMT for detecting weak geological structures near the deeply buried long tunnel of the Shijiazhuang-Taiyuan passenger railway line in the Taihang Mountains. Engineering Geology, 268: 105517.

Diallo M C, Cheng L Z, Rosa E, et al., 2019. Integrated GPR and ERT data interpretation for bedrock identification at Cléricy, Québec, Canada. Engineering Geology, 248: 230-241.

Doolittle J A, Collins M E, 1998. A comparison of EM induction and GPR methods in areas of karst. Geoderma, 85 (1): 83-102.

Elliott P, 1998. The principles and practice of FLAIRTEM. Explor Geophys, 29 (1-2): 58-59.

Farmer I, Glossop N, 1980. Mechanics of disc cutter penetration. Tunnels and Tunnelling, 12 (6): 22-25.

Goldstein M, Strangway D, 1975. Audio-frequency magnetotellurics with a grounded electric dipole source. Geophysics, 40 (4): 669-683.

Grandori R, Sem M, Lembo-Fazio A, et al., 1995. Tunnelling by double shield TBM in the Hong Kong granite, 8th ISRM Congress. International Society for Rock Mechanics and Rock Engineering.

Grima M A, Bruines P, Verhoef P, 2000. Modeling tunnel boring machine performance by neuro-fuzzy methods. Tunnelling and Underground Space Technology, 15 (3): 259-269.

Guo T, Zhang S, Ge H, et al., 2015. A new method for evaluation of fracture network formation capacity of rock. Fuel, 140: 778-787.

He L，Feng M，He Z，et al.，2006. Application of EM methods for the investigation of Qiyueshan Tunnel，China. Journal of Environmental & Engineering Geophysics，11（2）：151-156.

He Z，Hu Z，Gao Y，et al.，2015. Field test of monitoring gas reservoir development using time-lapse continuous electromagnetic profile method. Geophysics，80（2）：WA127-WA134.

Hoversten G M，Commer M，Haber E，et al.，2015. Hydro-frac monitoring using ground time-domain electromagnetics. Geophysical Prospecting，63（6）：1508-1526.

Howarth D，1986. Review of rock drillability and borability assessment methods. Transactions-Institute of Mining & Metallurgy，Section A，95（October）.

Howarth D，1987. The effect of pre-existing microcavities on mechanical rock performance in sedimentary and crystalline rocks，International Journal of Rock Mechanics and Mining Sciences & Geomechanics Abstracts. Amsterdam：Elsevier.

Hu X，Peng R，Wu G，et al.，2013. Mineral exploration using CSAMT data：application to Longmen region metallogenic belt，Guangdong Province，China. Geophysics，78（3）：B111-B119.

Hughes H，1986. The relative cuttability of coal-measures stone. Mining Science and Technology，3（2）：95-109.

Innaurato N，Mancini A，Rondena E，et al.，1991. Forecasting and effective TBM performances in a rapid excavation of a tunnel in Italy，7th ISRM Congress. International Society for Rock Mechanics and Rock Engineering.

Jaripatke O A，Chong K K，Grieser W V，et al.，2010. A completions roadmap to shale-play development：a review of successful approaches toward shale-play stimulation in the last two decades. International Oil and Gas Conference and Exhibition in China. Society of Petroleum Engineers.

Kahraman S，1999. Rotary and percussive drilling prediction using regression analysis. International Journal of Rock Mechanics and Mining Sciences（1997），36（7）：981-989.

Kowalczyk S，Cabalski K，Radzikowski M，2017. Application of geophysical methods in the evaluation of anthropogenic transformation of the ground：a case study of the Warsaw environs，Poland. Engineering Geology，216：42-55.

Kuzuoglu M，Mittra R，1996. Frequency dependence of the constitutive parameters of causal perfectly matched anisotropic absorbers. IEEE Microwave and Guided Wave Letters，6（12）：447-449.

Le Roux O，Jongmans D，Kasperski J，et al.，2011. Deep geophysical investigation of the large Séchilienne landslide（Western Alps，France）and calibration with geological data. Engineering Geology，120（1-4）：18-31.

Legault J M，2015. Airborne electromagnetic systems-state of the art and future directions. CSEG Recorder，40（6）：38-49.

Li X，Rupert G，Summers D A，et al.，2000. Analysis of impact hammer rebound to estimate rock drillability. Rock Mechanics and Rock Engineering，33（1）：1-13.

Majer E，Feighner M，Johnson L，et al.，1996. Synthesis of borehole and surface geophysical studies at Yucca Mountain，Nevada and vicinity，Vol. I：Surface geophysics. Lawrence Berkeley National Laboratory Report 39319.

Mayerhofer M J, Lolon E, Warpinski N R, et al., 2010. What is stimulated reservoir volume? SPE Production & Operations, 25 (1): 89-98.

Mckay A, Mattson J, Du Z, 2015. Towed Streamer EM- reliable recovery of sub- surface resistivity. First Break, 33 (4): 75-85.

Meier P, Kalscheuer T, Podgorski J E, et al., 2014. Case History Hydrogeophysical investigations in the western and north- central Okavango Delta (Botswana) based on helicopter and ground-based transient electromagnetic data and electrical resistance tomography. Geophysics, 79 (5): B201-B211.

Nabighian M N, 1988. Electromagnetic Methods in Applied Geophysics: Application (2 vols.). SEG Books, Xi'an.

Nelson P P, Ingraffea A R, O'rourke T D, 1985. TBM performance prediction using rock fracture parameters. International Journal of Rock Mechanics and Mining Sciences and Geomechanics Abstracts, 22 (3): 189-192.

Nilsen B, Ozdemir L, 1993. Hard rock tunnel boring prediction and field performance, Proceedings of the rapid excavation and tunneling conference. Society For Mining, Metallogy & Exploration, Inc., pp. 833.

Nittinger C, Cherevatova M, Becken M, et al., 2017. A novel semi- airborne EM system for mineral exploration- first results from combined fluxgate and induction coil data, Second European Airborne Electromagnetics Conference. European Association of Geoscientists & Engineers, pp. 1-5.

Orange A, Key K, Constable S, 2009. The feasibility of reservoir monitoring using time- lapse marine CSEM. Geophysics, 74 (2): F21-F29.

Palmstrom A, Broch E, 2006. Use and misuse of rock mass classification systems with particular reference to the Q- system. Tunnelling and Underground Space Technology, 21 (6): 575-593.

Park J, Lee K H, Kim B K, et al., 2016. Predicting anomalous zone ahead of TBM tunnel face utilizing electrical resistivity, ITA- AITES World Tunnel Congress 2016, WTC 2016. Society for Mining, Metallurgy and Exploration, pp. 1955-1964.

Parks E M, McBride J H, Nelson S T, et al., 2011. Comparing electromagnetic and seismic geophysical methods: estimating the depth to water in geologically simple and complex arid environments. Engineering Geology, 117 (1-2): 62-77.

Peacock J R, Thiel S, Reid P, et al., 2012. Magnetotelluric monitoring of a fluid injection: example from an enhanced geothermal system. Geophysical Research Letters, 39 (18): 18403.

Rees N, Heinson G, Krieger L, 2016. Magnetotelluric monitoring of coal seam gas depressurization. Geophysics, 81 (6): E423-E432.

Roden J A, Gedney S D, 2000. Convolution PML (CPML): an efficient FDTD implementation of the CFS- PML for arbitrary media. Microwave and Optical Technology Letters, 27 (5): 334-339.

Sapigni M, Berti M, Bethaz E, et al., 2002. TBM performance estimation using rock mass classifications. International Journal of Rock Mechanics and Mining Sciences, 39 (6): 771-788.

Satitpittakul A, Vachiratienchai C, Siripunvaraporn W, 2013. Factors influencing cavity detection in Karst terrain on two-dimensional (2-D) direct current (DC) resistivity survey: a case study from the western part of Thailand. Engineering Geology, 152 (1): 162-171.

Schaeffer K, Mooney M, 2016. Examining the influence of TBM- ground interaction on electrical resistivity imaging ahead of the TBM. Tunnelling and Underground Space Technology, 58: 82-98.

Schnegg P A, Sommaruga A, 1995. Constraining seismic parameters with a controlled-source audio-magnetotelluric method (CSAMT). Geophysical Journal International, 122 (1): 152-160.

Sevil J, Gutiérrez F, Zarroca M, et al., 2017. Sinkhole investigation in an urban area by trenching in combination with GPR, ERT and high-precision leveling. Mantled evaporite karst of Zaragoza city, NE Spain. Engineering Geology, 231: 9-20.

Solberg I L, Long M, Baranwal V C, et al., 2016. Geophysical and geotechnical studies of geology and sediment properties at a quick- clay landslide site at Esp, Trondheim, Norway. Engineering Geology, 208: 214-230.

Soonawala N, Hollaway A, Tomsons D, et al., 1990. Geophysical methodology for the Canadian nuclear fuel waste management program. Geotechnical and Environmental Geophysics, II: 309-331.

Strack K M, 1992. Exploration with deep transient electromagnetics. Amsterdam: Elsevier.

Streich R, 2016. Controlled-source electromagnetic approaches for hydrocarbon exploration and monitoring on land. Surveys in Geophysics, 37 (1): 47-80.

Suzuki K, Toda S, Kusunoki K, et al., 2000. Case studies of electrical and electromagnetic methods applied to mapping active faults beneath the thick quaternary, Developments in geotechnical engineering. Amsterdam: Elsevier.

Tietze K, Ritter O, Patzer C, et al., 2019. Repeatability of land-based controlled-source electromagnetic measurements in industrialized areas and including vertical electric fields. Geophysical Journal International, 218 (3): 1552-1571.

Tikhonov A, Arsenin V, 1977. Solution of Ill-Posed Problems. Washington, D C: V. H. Winston and Sons.

Torres-Verdin C, Bostick F X, 1992. Principles of spatial surface electric field filtering in magnetotellurics; electromagnetic array profiling (EMAP). Geophysics, 57 (4): 603-622.

Troiano A, Di Giuseppe M G, Patella D, et al., 2014. Electromagnetic outline of the Solfatara-Pisciarelli hydrothermal system, Campi Flegrei (southern Italy). Journal of Volcanology and Geothermal Research, 277: 9-21.

Unsworth M J, Lu X, Watts M D, 2000. CSAMT exploration at Sellafield: Characterization of a potential radioactive waste disposal site. Geophysics, 65 (4): 1070-1079.

Wang J, 2010. High- level radioactive waste disposal in China: update 2010. Journal of Rock Mechanics and Geotechnical Engineering, 2 (1): 1-11.

Wang T, Hohmann G W, 1993. A finite-difference, time-domain solution for three-dimensional electromagnetic modeling. Geophysics, 58 (6): 797-809.

Warpinski N, Teufel L, 1987. Influence of geologic discontinuities on hydraulic fracture propagation (includes associated papers 17011 and 17074) . Journal of Petroleum Technology, 39 (2): 209-220.

Watts M, 1994. Sellafield surface EM survey: electromagnetic survey factual report: NIREX Report 620.

Wright D A, Ziolkowski A, Hobbs B A, 2001. Hydrocarbon detection with a multi-channel transient electromagnetic survey, 2001 SEG Annual Meeting. Society of Exploration Geophysicists.

Wright D L, Grover T P, Labson V F, 1996. The very early time electromagnetic (VETEM) system: First field test results, 9th EEGS Symposium on the Application of Geophysics to Engineering and Environmental Problems. European Association of Geoscientists & Engineers: cp-205-00008.

Xu D, Hu X Y, Shan C L, et al., 2016. Landslide monitoring in southwestern China via time-lapse electrical resistivity tomography. Appl Geophys, 13 (1): 1-12.

Xue G, Yan Y, Li X, et al., 2007. Transient electromagnetic S- inversion in tunnel prediction. Geophysical Research Letters, 34 (18) .

Zhdanov M S, 2015. Inverse theory and applications in geophysics. Amsterdam: Elsevier.

Zhdanov M S, Endo M, Cox L H, et al., 2014. Three-dimensional inversion of towed streamer electromagnetic data. Geophysical Prospecting, 62 (3): 552-572.

Ziolkowski A, Hobbs B A, Wright D, 2007. Multitransient electromagnetic demonstration survey in France. Geophysics, 72 (4): F197-F209.

Ziolkowski A, Parr R, Wright D, et al., 2010. Multi- transient electromagnetic repeatability experiment over the North Sea Harding field. Geophysical Prospecting, 58 (6): 1159-1176.

Ziolkowski A, Wright D, Mattsson J, 2011. Comparison of pseudo- random binary sequence and square- wave transient controlled- source electromagnetic data over the Peon gas discovery, Norway. Geophysical Prospecting, 59 (6): 1114-1131.

Zonge K L, Hughes L J, 1991. Controlled source audio-frequency magnetotellurics, Electromagnetic Methods in Applied Geophysics: Volume 2, Application, Parts A and B. Society of Exploration Geophysicists: 713-810.